인생은 주사위 던지기가 아니다(상)

인생은 주사위 던지기가 아니다

류쉐펑 지음

유연지 옮김 | 김지혜 감수

미디어숲

추천사

　최근 몇 년 사이, 독서에 대한 의견은 두 가지로 나뉘고 있다. 하나는, 인터넷 시대에 정보가 점점 더 파편화되면서 사람들의 집중력이 약화되고 깊이 있는 사고가 어려워지고 있으므로 마음을 차분히 가라앉히고 책을 많이 읽는 것이 중요하다는 주장이다. 다른 하나는, 독서를 강조하는 사람 중 상당수가 단지 교양 있어 보이거나 깨어 있는 사람처럼 보이고 싶어서 독서를 좋아한다고 말하는 것에 불과하다는 견해다.

　솔직히 말해 나는 '독서'라는 단어를 별로 좋아하지 않는다. 책을 읽는다는 것은 지극히 평범한 일인데, '독서'라고 말하는 순간 마치 목욕재계하고 경건한 자세로 임해야만 할 수 있는 고상한 문화 활동처럼 느껴지기 때문이다. 소셜 네트워크 플랫폼이 전 세계를 주도하는 시대에, 책을 읽는 행위는 이미 시대에 뒤처진 것이 아닐까?

　이 질문에 대한 내 대답은 간단하다. 무슨 책을 보느냐에 따라 다르다.

　어떤 책들은 작가가 저서를 남기려는 목적으로 쓴 것이어서 글이 심오하고 난해해 솔직히 잘 읽히지 않는다. 반면, 어떤 책들은 주말 오후 몇 시간만 투자해도 대부분의 분량을 읽을 수 있으며, 다 읽고 나면 무언가를 얻었다는 강한 인상이 남아 한동안 기억에 오래 남는다. 이런 책을 비유하는 적절한 성어가 있다. 바로 '개권 유익開卷有益(책을 펼쳐 놓는 것만으로도 이익이 있다는 뜻)'이다.

이 책을 읽고 난 후, 딱 그런 느낌이었다.

"비행기가 심하게 흔들리는데, 설마 사고가 나지는 않겠지?"

"상대방의 답장이 영 시원치 않은데, 지금 고백해도 될까?"

이처럼 다양하고 복잡한 온갖 고민이 매일 우리 머릿속을 스쳐 지나간다.

우리는 말과 행동이 믿음직스러운 사람들을 보며 '감성 지능EQ'이 높다고 말한다. 실제로 감성 지능이 높은 사람들은 대부분 올바른 판단을 내려 골치 아픈 문제들을 미리 피한다.

사실, 감성 지능이 높다는 것은 곧 정확한 직관을 지녔다는 또 다른 표현이기도 하다. 그리고 정확한 직관은 얼마든지 천천히 배워서 키울 수 있다.

여기서 한 가지 나쁜 소식과 좋은 소식이 있다.

먼저 나쁜 소식부터 말하자면, 정확한 직관력을 갖추고 키우려면 약간의 수학적 사고가 필요하다. 그 수학이 바로 '확률론'이다. 사실 대학에서도 확률을 배우지만, 대부분의 사람은 그저 공식만 외우고 문제만 풀기 때문에 금세 잊어버리는 것은 물론이고 나중에는 전혀 기억나지 않는 사람이 태반일 것이다. 애석하게도, 높은 감성 지능에 필요한 직관을 기르려면 약간의 확률 지식이 필요하다. 그나마 다행인 것은 모든 확률론을 다 기억할 필요는 없다. 딱 하나만 기억하면 된다. 바로 '베이즈 정리'다.

이제 좋은 소식에 관해 이야기하겠다. 베이즈 정리가 한 번에 쉽게 이해되지는 않겠지만, 곰곰이 생각하다 보면 엄청 어려운 이론도 아니다.

이 책의 장점은 우리가 일상에서 흔히 접하는 예시를 통해 중요한 확률 개념인 베이즈 정리를 한나절 만에 이해할 수 있도록 도와준다는 점이다. 이 책을 통해 베이즈 정리를 제대로 이해하고 나면, 어쩌면 우리가 바라던 '높은 감성 지능에서 나오는 직관'을 자연스럽게 키울 수 있을지도 모르겠다.

쉐펑은 나의 오랜 친구다.

그가 이 책을 쓰게 된 계기를 생각해 보면, 우리가 문제에 부딪혔을 때 비판적 사고 없이 행동하지 않고 논리적인 사고방식을 활용하기를 바라는 마음에서 시작된 것이 아닐까 싶다.

소셜 네트워크 플랫폼이 주도하는 이런 시대에, 처음부터 끝까지 정성을 들여 책을 집필하는 것은 사실 많은 노력에 비해 보상이 크지 않은 일이다. 하지만 그는 책을 쓰는 것 자체를 삶의 중요한 의미라고 여기며, 그것을 읽어 주는 독자가 있을 때 비로소 자신의 인생이 가치 있다고 느낀다.

주말 오후의 여유로운 시간이나 출퇴근길 지하철에서, 인스타그램 같은 SNS를 보는 대신 이 책을 잠깐씩이라도 펼쳐 읽는 것이 더 유익하지 않을까 싶다.

"비행기가 심하게 흔들리는데, 설마 사고가 나지는 않겠지?"
그 해답은 이 책 안에서 찾을 수 있다.
"상대방의 메시지 답장이 영 시원찮은데, 지금 고백해도 될까?"
답장이 오든 말든, 절대 먼저 고백하지 마라.

캐나다 토론토대학교 전기 및 컴퓨터공학과 종신교수
리바오춘

프롤로그

2021년 미국 스탠퍼드대학교와 중국 베이징대학교, 칭화대학교 등 여러 연구 기관이 공동으로 진행한 연구 결과가 「네이처」 자매지에 발표되며 큰 관심을 끌었다. 연구팀은 중국, 인도, 러시아, 미국 4개국의 대학에서 컴퓨터공학 및 전자공학 전공 학부생들을 대상으로 대규모 설문조사를 진행했다. 그리고 이 학생들의 비판적 사고 능력critical thinking이 입학 시점과 졸업 시점에서 어떻게 변화했는지를 추적해 통계적으로 분석했다.

우리는 중국 학생들의 데이터에 주목했다. 통계 분석 결과, 중국 학생들은 대학 입학 초기에는 비판적 사고 능력이 미국 학생들과 거의 비슷한 수준이고, 러시아 학생들과도 유사했으며, 인도 학생들보다는 확연히 높았다. 그러나 졸업 시점에서는 비판적 사고 능력이 입학 당시보다 크게 떨어졌다. 미국 학생들과의 격차가 크게 벌어진 것은 물론이고 러시아 학생들보다도 낮은 수준으로 나타났다.

중국 대학생들이 4년간의 학부 교육을 마친 뒤 비판적 사고 능력이 오히려 떨어졌다는 이 연구 결과는 온라인상에서 큰 논란을 불러일으켰다. 만약 이 연구 결과가 사실이라면, 그 원인은 대학 교육이 이론 중심에 치우쳐 있고 학생들의 학업 부담이 지나치게 크기 때문일 가능성이 크다. 실제로 수많은 대학생이 대학원 진학이나 취업 경쟁 압박 속에서 전공 분야의 지식 습득, 문제 풀이, 과제 제출, 각종 시험 준비에만 몰두한다. 또 졸업을 앞둔 시기에는 회사 면접이나 공무원 시험 준비로 거의 모든 시간과 에너지를 소모한다.

한마디로, 대학은 지식을 가르치며 학생들이 스스로 사고하고 배울 수 있도록 지도해야 하지만, 이제는 단순히 지식을 전달하는 곳으로 변했다. 또한 학생들이 깊이 사고해야 할 시간은 문제 풀이하는 시간으로 대체되었다. 더욱이 중국 대학에서는 직접적이든 간접적이든 비판적 사고를 기르는 수업이 거의 전무하다. 그러니 중국 대학생들의 비판적 사고 능력이 저하되었다는 결론은 충분히 타당성이 있다.

대학에서는 중요하게 여기지 않는 비판적 사고가 정작 인터넷에서는 큰 관심을 받고 있다. 특히 최근 몇 년 사이 '마인드셋', '성장형 사고방식', '시간 관리'와 같은 개념이 확산되면서 비판적 사고 역시 자주 언급되는 인기 키워드가 되었다. 하지만 비판적 사고가 구체적으로 무엇인지 물어봤을 때, 명확하게 대답할 수 있는 사람은 별로 없을 것이다.

잠시 시간을 100년 전으로 되돌려 보자. 당시 서구에는 존 듀이John Dewey(1859~1952)라는 유명한 철학자이자 교육학자가 있었다. 그는 실용주의 철학의 창시자로서 수많은 근현대 학자와 교육자들에게 큰 영향을 미친 인물이다.

1910년 존 듀이는 비판적 사고에 대해 명확히 정의했다. 그는 "비판적 사고란 어떤 믿음이나 지식을 접할 때, 그것을 뒷받침하는 근거와 그로부터 도출되는 결론을 적극적이고 지속적이며 신중하게 생각하는 과정이다."라고 말했다. 또한 이러한 사고방식은 반드시 객관성과 논리를 바탕으로 이뤄져야 한다고 강조했다.

간단히 말해, 비판적 사고 능력이란 객관적인 증거와 논리를 바탕으로 정보를 체계적으로 분석하고 결론을 도출하는 능력이다.

존 듀이는 비판적 사고를 매우 중요하게 생각했다. 심지어 그는 교육의 궁극적인 목표가 학생들의 비판적 사고 능력을 길러 내고, 나아가 과학적으로 사고하는 습관을 기르는 것이어야 한다고 말했다.

하지만 엄밀히 말해 존 듀이가 비판적 사고의 중요성을 최초로 깨달은 사람은 아니다. 그의 이러한 관점은 프랜시스 베이컨Francis Bacon, 존 로크John Locke, 존 스튜어트 밀John Stuart Mill 등의 선대 철학자와 사상가들의 생각을 이어 발전시킨 것이다.

존 듀이는 자신의 책에서 한 가지 흥미로운 사례를 언급했다. 그가 매일 타고 다니는 여객선의 상부 갑판에는 길게 수평으로 뻗은 하얀 막대가 있는데, 그 끝에는 도금된 공이 달려 있었다([그림 1]에서 점선으로 표시된 부분이 바로 그 막대다). 그는 이 막대가 대체 무슨 용도인지 궁금해졌다. 한번 같이 생각해 보자.

[그림 1] 여객선에 세워진 수상한 막대

그의 관찰 및 사고 과정은 다음과 같았다.

"처음 이 막대를 봤을 때 나는 깃발을 떠올렸다. 막대의 색깔과 형태, 도금된 공까지 모두 '깃발'이라는 내 예상을 뒷받침하고 있었다. 이러한 근거들을 바탕으로 내 추측이 옳다는 결론을 내리려던 차에, 곧 문제점을 발견했다.

첫째, 이 막대는 거의 수평으로 뻗어 있었는데, 이는 보통의 깃발과는 형태가 몹시 다르다.

둘째, 깃발을 달 수 있는 도르래, 고리 또는 밧줄이 없었다.

마지막으로 배의 다른 위치에 수직으로 세워진 깃대가 두 개 있었고, 때때로 깃발이 올라가는 것도 보였다.

이로 보아 이 막대는 깃발을 거는 용도가 아닐 수도 있다.

그래서 나는 이 막대의 가능한 용도를 전부 떠올렸고, 어느 용도에 가장 적합할지 생각해 봤다.

(a) 장식일 수 있다. 하지만 모든 여객선을 비롯해 예인선에도 이런 막대가 있는 걸로 봐선 장식이라는 가정은 배제되었다.

(b) 무선 안테나의 일부일 수 있다. 하지만 그런 용도라면 조타실의 꼭대기와 같은 배의 가장 높은 곳에 설치되어야 맞다. 그래서 이 가정 역시 가능성이 낮다.

(c) 마지막으로 이 막대는 배의 항해 방향을 표시하는 용도일 것이다. 마지막 가능성을 뒷받침하는 근거는 다음과 같다. 나는 이 막대가 조타실보다 낮은 곳에 설치되어 있고, 조타수 눈에 잘 띄는 곳에 있다는 점을 발견했다. 또한 조타수의 위치에서 볼 때 막대의 끝부분이 전방을 향해 길게 뻗어 있는 것처럼 보였다. 게다가 조타수는 배 앞쪽에 가까이 있으므로 이 막대와 같이 항해 방향을 가리키는 지시물이 필요하다.

결과적으로 나는 이 가정이 다른 가정보다 사실일 가능성이 높다고 생각했고, 이 막대는 조타수에게 배의 항해 방향을 알려 주는 용도로 쓰인다는 결론을 내렸다."

100년이 지난 지금, 인터넷 시대를 살아가는 우리가 과연 이 문제를 보고 존 듀이처럼 명확하고 엄밀하게 과학적으로 추론할 수 있을까? 아마도 대부분은 그렇게 하지 못할 것이다.

• 우리는 왜 비판적으로 사고하는 능력이 부족한가

나는 오래전부터 줄곧 이렇게 생각했다. 비판적 사고를 기르는 가장 좋은 시기는 대학생 때가 아니라 초중등 시기이며, 비판적 사고를 기르는 가장 효과적인 방법은 바로 국어 공부다. 더 정확히 말하면 국어 수업 중에서도 '논설문' 쓰기다.

논설문을 쓴다는 것은 본질적으로 하나의 주장을 제시하고, 그 주장을 뒷받침할 근거를 찾아내 엄밀하고 논리적으로 주장의 타당성을 입증하는 과정이다. 즉, 훌륭한 논설문이란 명확하고 엄밀하게 객관적이고 논리적인 추론을 보여 주는 과정을 글로 표현한 것이다.

그러나 아쉽게도 많은 사람이 유려한 문장과 화려한 표현에 치중할 뿐, 논설문의 본질인 논거의 신빙성과 논증 과정의 엄밀성은 등한시했다. 그저 감성을 강조하는 수필 형식의 글들은 독자의 감성을 자극할 수는 있지만, 확실한 논거와 엄밀한 논증 과정이 빠져 있어 독자를 이성적으로 설득하는 힘이 부족하다.

더욱 위험한 건, 어릴 때부터 이런 식의 논설문 쓰기 교육을 받게 되면, 그 사고방식은 성인이 된 이후에도, 심지어 평생토록 지속된다는 점이다. 오늘날 많은 예능 프로그램은 조회수를 올리기 위해 사실을 과장하거나 일부 사실만 짜깁기해 본질을 왜곡한다. 또한 인터넷에 올라온 글들을 보면 사람들의 관심을 끌기 위해 자극적인 표현을 남발하는 경우가 많다. 이성적이고 객관적이어야 할 각종 토론 역시 감정적으로 흐르고, 때로는 공격적인 비판으로 변질되고 있다.

이러한 예능 프로그램이나 온라인 글 또는 논평들은 겉으로 보기에는 매력적이고 감성을 자극하지만, 좀 더 깊이 들여다보면 논리적으로 허술한 경우가 많다. 이러한 현상의 근본적인 원인은 사람들이 비판적 사고를 제대로 확립하지 못했기 때문이다.

논거의 신빙성을 따져 보지 않는 습관, 논증 과정을 엄밀하게 검증하지 않는 태도, 기본적인 수학 지식의 부족과 확률적 사고의 결여가 바로 우리가 비판적 사고를 하지 못하는 가장 근본적인 원인이다.

일상에서 비판적 사고가 가장 자주 쓰이는 때가 바로 정보를 추론할 때다. 정보 추론이란 관찰된 현상을 통해 그 이면에 존재하는 현상의 원인 또는 더 깊은 곳에 숨겨진 정보를 추론하는 과정이다.

우리는 매일 끊임없이 정보를 추론한다. 아기 엄마는 아이의 상태를 보며 아이가 배가 고픈지를 추측하고, 연인은 상대의 눈빛과 행동을 통해 상대의 심리를 짐작한다. 또한 의사는 환자의 증상을 통해 질병을 진단하고, 과학자는 실험 결과로부터 그 현상을 설명할 수 있는 새로운 가설을 제시한다.

정보 추론을 좀 더 과학적인 방법으로 접근하고 싶다면, 이 책에 나오는 '베이즈 정리'를 반드시 이해해야 한다.

사실 베이즈 정리는 많은 사람이 알고 있는 이론이다. 나는 대학원생 면접에서 학생들에게 이런 질문을 자주 한다. "베이즈 정리를 설명해 볼 수 있나요?" 그러면 학생들은 대개 "알고 있습니다. 베이즈 정리의 공식은….''이라고 답한다. 그러나 이어서 이 공식에 담긴 근본적인 사고방식에 대해 질문하면 대다수의 학생이 제대로 답하지 못한다.

사실 베이즈 정리는 아주 강력한 정보 추론의 도구다. 어떤 현상의 이면에 숨겨진 원인을 찾아내는 방법을 제시해 주기 때문이다.

이 책에서는 베이즈 정리를 통해 우리가 깨닫게 되는 많은 지혜를 만나볼 수 있다. 몇 가지 예를 들어 보겠다.

사람들은 대부분 어떤 현상을 관찰하면 무의식적으로 다음과 같이 사고한다. 머릿속에서 한 가지 원인이 떠오르면, 그다음부터는 그 원인을 뒷받침할 수 있는 증거만을 수집하게 된다. 그리고 시간이 지날수록 처음 떠오른 원인이 옳다는 믿음이 점점 강해진다. 이렇게 되면 결국 처음 떠오른 원인이 최종 결론이 되어버린다. 왜냐하면 수집된 모든 증거가 처음 그 원인이 맞다는 믿음을 더욱 강화하는 역할만 하기 때문이다.

하지만 베이즈 정리는 우리에게 이렇게 말한다. "어떤 현상에 숨겨진 진짜 원인을 찾으려면 우선 가능성이 있는 모든 원인을 최대한 나열해야 한다." 만약 이대로 사고를 한다면 이 책에 나오는 고사 〈지자의린智子疑鄰〉 속 부자와 같은 실수는 피할 수 있을 것이다.

또한 사람들은 어떤 현상을 일으킨 여러 가지 원인 중 하나를 선택할 때, 보통은 그 현상을 가장 잘 설명할 수 있는 원인을 선택하는 경향이 있다. 예를 들어, 비행기가 심하게 흔들릴 때 사람들은 자기도 모르게 잔뜩 긴장하게 된다. 왜 그럴까? 그 이유는 '비행기에 사고가 생겼기 때문'이라는 이유가 '비행기가 심하게 흔들린다'라는 현상을 가장 잘 설명해 주는 원인이기 때문이다. 비행기에 사고가 생겼다면 비행기가 심하게 흔들리는 것은 당연하다. 물론 비행기가 난기류를 만났을 때도 흔들림은 있을 수 있지만 난기류를 만났다고 해서 비행기가 반드시 심하게 흔들리는 것은 아니다. 따라서 '비행기가 난기류를 만났기 때문'이라는 원인은 '비행기에 사고가 생겼기 때문'만큼 이 현상을 완벽히 설명하지는 못한다. 그래서 우리는 그 순간 본능적으로 '비행기에 사고가 생겼구나!'라는 생각을 떠올리는 것이다.

하지만 베이즈 정리는 여러 가지 원인 중 하나를 선택할 때, 단순히 어떤 원인이 해당 현상을 잘 설명하는지만 봐서는 안 되며, 그 원인이 실제로 발생할 확률도 반드시 함께 고려해야 한다고 알려 준다. 예를 들어 '비행기에 사고가 생기는 경우'보다 '비행기가 난기류를 만나는 경우'가 훨씬 더 자주 발생한다. 따라서 비행기가 흔들리는 원인은 '난기류를 만났기 때문'일 가능성이 더 높다.

베이즈 정리는 단순한 추론 도구가 아니라 하나의 사고방식이다. 이 책을 다 읽고 나면 『논어』에 나오는 공자의 가르침 '무의毋意, 무필毋必, 무고毋固, 무아毋我'를 더욱 깊이 있게 이해할 수 있을 것이다.

무의란, 확실한 증거 없이 함부로 추측하면 안 된다는 뜻이다. 이를 베이즈 정리로 해석하자면, 추론하기 전에 반드시 충분한 증거를 찾아야 한다는 뜻이다. 또한 사람들은 종종 무분별하게 추측하면서 많은 사건의 원인을 타인의 악의로 단정 짓곤 한다. 그러나 베이즈 정리는 우리에게 이렇게 말한다. "어리석음으로 충분히 설명되는 일을 굳이 악의로 해석하지 마라."

무필이란, 어떤 일이 100% 확실하다고 단정 짓지 말아야 한다는 의미다. 이는 베이즈 정리의 원칙과도 맞닿아 있다. 베이즈 정리는 '이분법적 흑백 논리'가 아니라, 확률에 기반해 판단을 내리는 접근 방식을 제시한다.

무고란, 자신이 가진 기존의 생각에 집착하지 말라는 의미다. 이 역시 '새로운 사실이 나타날 때마다 우리의 관점도 그에 맞춰 변화해야 한다'라는 베이즈 정리의 핵심 원칙과 일맥상통한다.

무아란, 자기중심적인 사고를 버려야 한다는 뜻이다. 이는 베이즈 정리의 사전 확률 개념과 연결된다. 베이즈 정리는 사전 확률을 설정할 때 생각이 한쪽으로 편향되지 않도록 주의해야 한다고 강조한다. 이를 위해 우리는 내부 관점에서 벗어나 외부 관점으로 시야를 확장하여 문제를 바라봐야 한다.

• 시작하기 전

『인생은 주사위 던지기가 아니다』는 나의 두 번째 책이다. 첫 번째 책은 2022년에 출간된 교양 과학 서적『복잡한 세상을 이기는 수학의 힘』으로, 이 책은 '제18회 문진도서장文津圖書奬'의 추천 도서로 선정되기도 했다. 그런데 베이즈 정리를 다룬 이번 책은 2015년부터 집필을 시작했으니, 완성하기까지 얼마나 많은 시간과 노력을 쏟아부었는지는 말하지 않아도 충분히 짐작할 수 있으리라.

누군가가 나에게 이 책이 시중에 나온 다른 교양 과학 서적과 어떤 점이 가장 다른지 묻는다면, 나는 이렇게 답할 것이다. "많은 교양 과학 서적들은 한 권에 여러 개념을 담다 보니 뚜렷한 핵심이나 일관된 흐름이 부족한 경우가 많다. 반면, 이 책은 오직 하나의 개념 '베이즈 정리'를 중심으로 구성되어 있으며, 이를 통해 독자들이 비판적 사고 능력을 체계적으로 키울 수 있도록 돕는 것이 이 책의 목표다. 그리고 이것이 바로 다른 책들과의 가장 큰 차이점이다."

나는 이 책의 내용을 바탕으로 베이징항공항천대학北京航空航天大學 컴퓨터공학과 학생들을 대상으로 〈신호 처리와 정보 추론〉이라는 수업을 개설했다. 다음은 학생들이 수업을 들은 뒤 남긴 평가 내용이다.

"이 수업은 저의 인식에 커다란 변화를 가져다주었습니다. 저는 이 수업을 통해 세상을 어떻게 객관적이고 논리적으로 바라봐야 하는지를 배웠습니다. 우리는 어릴 때부터 쭉 기초 지식을 배우고 문제 푸는 법을 익혀왔지만, 그 지식들을 실제 삶에서 어떻게 활용해야 하는지는 아무도 알려 주지 않았습니다. 교수님의 수업 덕분에 저 자신과 이 세상을 새롭게 바라보게 되었습니다."

"이 수업은 다른 컴퓨터공학과 수업들과는 매우 달랐습니다. 실제 삶에서 유용하게 적용할 수 있는 내용이 많았고, 실생활과 긴밀하게 연결된 예시가 이렇게 많이 포함된 수업은 거의 본 적이 없는 것 같습니다. 이 수업을 들은 이후로 저는 사전 확률을 더욱 중요하게 생각하게 되었습니다. 친구와 대화를 나눌 때도, 앞으로의 저의 진로를 고민할 때도 베이즈적 사고방식을 자연스럽게 적용하게 되었습니다. 그 덕분에 미래에 대한 막연한 불안감이 줄어들었고, 보다 신뢰할 수 있는 정보를 선별하고 편향된 정보를 배제할 수 있는 능력이 향상되었습니다."

"이 수업은 저의 학부 생활 중 가장 재미있게 수강한 수업입니다. 이 수업을 통해 저는 세상을 좀 더 이성적이고 확률적으로 바라보는 방법을 배웠습니다. 예전의 저는 어떤 감정에 쉽게 휩쓸리고 지배당하곤 했습니다(맞습니다. 저는 비행기를 탈 때 긴장하는 사람입니다). 하지만 이제 베이즈 정리를 배웠기 때문에 비행기가 흔들릴 때 비행기에 사고가 생겼을 확률이 매우 낮다는 것을 알게 되었고, 비행기에 대한 두려움도 사라졌습니다. 앞으로 교수님의 수업이 더 늘어났으면 좋겠습니다."

"저는 이 수업을 통해 제 세계관에 더욱 확신을 갖게 되었고, 확률적 해석의 중요성도 깊이 깨닫게 되었습니다. 이제는 인터넷에서 공포를 조장하는 이슈나, 언뜻 보기에 신박해 보이는 글을 접할 때도 더욱 이성적으로 판단할 수 있게 되었습니다. 특히 실제 발생 확률이 낮은 사건이나 상식에서 벗어나는 주장일수록 더 신뢰할 수 있는 증거를 찾고, 그 증거의 출처를 검증하며, 꾸준히 저의 상식 데이터베이스를 업데이트해 나가고 있습니다."

자, 그럼 이제 다 같이 베이즈 정리를 기반으로 한 사고방식을 배우고 탐구하는 여정을 함께 떠나 보자!

류쉐펑

Chapter 4　　베이즈 정리의 구성 요소 ②: 관측

Chapter 5   여러 개의 관측 정보를 활용한 베이즈 추론

부록

Chapter 1

우리는 언제 어디서나 정보를 추론한다

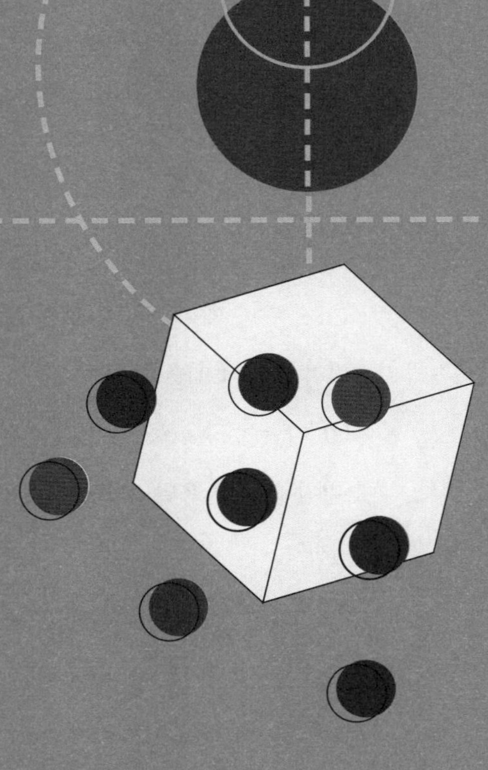

1.1

셜록 홈스와 개발자 김 대리

1.1.1 수수께끼로 알아보는 정보 추론

먼저 [그림 1.1]을 보며 두 가지 수수께끼를 풀어 보자.

(a) '하늘에 닿을 듯 뻗어 있는 연잎들은 그 푸르름이 끝이 없고, 햇살에 비친 연꽃은 유달리 붉구나.' 이 구절은 어떤 계절의 경치를 표현한 것일까?

(b) '늦가을의 나뭇잎을 떨어뜨리고, 이른 봄에는 꽃을 피울 수 있다네. 강을 지날 때는 커다란 물결을 일으키고, 대나무 숲속을 스치면 만 그루의 대나무를 눕혀버리네.' 이 구절은 무엇을 묘사하고 있는 걸까?

(a) 문제 1   (b) 문제 2

[그림 1.1] 두 가지 수수께끼

문학을 좀 아는 사람이라면 첫 번째 문제의 답을 쉽게 알아차렸을 것이다.

이 두 수수께끼의 구절은 중국 남송 시대 시인 양만리杨萬里의 시 〈새벽에 정자사에 나와 임자방을 배웅하며曉出淨慈寺送林子方〉의 일부다. 첫 번째 문제의 답은 이 시의 앞 구절에서 찾을 수 있다. '역시 서호의 6월은 그 풍경이 다른 계절과는 다르구나畢竟西湖六月中，風光不與四時同'라는 구절을 읽어 보면 답이 바로 '여름'임을 알 수 있다.

두 번째 문제 역시 그리 어렵지 않다. 정답은 '바람'이다.

첫 번째 문제에서는 '연잎', '연꽃'이라는 단어를 통해 시의 배경이 되는 계절이 '여름'임을 유추할 수 있다. 마찬가지로, 바람이 만들어 내는 다양한 현상을 관찰해 보면 두 번째 문제에서 묘사하는 자연 현상의 원인이 '바람'이라는 것을 추론할 수 있다. 결국 이 두 문제는 '정보 추론'에 대해 이야기하고 있는 것이다.

우리는 일상에서 어떤 현상을 목격하면 그 이면에 숨겨진 정보를 추측하려는 경향이 있다. 이러한 사고 과정이 바로 '정보 추론'이다.

그렇다면 정보 추론은 왜 필요할까? 이유는 간단하다. 대부분의 경우 우리는 정보를 직접 눈으로 관찰할 수 없으므로, 그 정보가 겉으로 드러난 모습이나 현상을 바탕으로 추측할 수밖에 없기 때문이다.

1.1.2 셜록 홈스의 뛰어난 추론 능력

우리에게 가장 익숙한 정보 추론의 고수를 꼽자면, 아마도 셜록 홈스가 떠오를 것이다. 영국 작가 코난 도일_{Conan Doyle}의 소설 『네 개의 서명 The Sign of the Four』에서는 셜록 홈스가 뛰어난 추론 능력을 발휘하여 정보를 밝혀내는 과정이 묘사되어 있다.

홈스는 친구 왓슨에게서 시계 하나를 건네받은 뒤, 그 시계를 한참 동안 살펴보았다. 그리고 다음과 같은 결론을 내렸다. "내 생각에 이 시계는 그대의 형님 것으로, 자네 부친께서 형님에게 물려주신 시계일세."

그는 곧이어 자신의 추론 근거를 다음과 같이 설명했다. "시계 뒷면에 'H. W'라는 각인이 새겨져 있는데, 여기서 'W'는 자네 가문의 성씨를 의미하네. 이 시계는 족히 50년 전에 제작된 것으로 보이는데, 시계에 새겨진 이니셜과 제조 시기가 비슷한 걸 보니 이 시계는 자네 집안의 어른이 남기신 유품일 가능성이 크네. 보통 귀중한 물건은 집안의 장남에게 물려주는 경우가 많지. 또한 장남이 부친의 이름을 그대로 물려받아 쓰는 경우도 흔하고 말이야. 게다가 나는 자네의 부친께서 이미 수년 전에

1 우리는 언제 어디서나 정보를 추론한다

돌아가셨다는 사실을 알고 있네. 그렇다면 이 시계는 자네의 형님 것이 틀림없네."

홈스는 이어 두 번째 추론을 내놓았다. "자네 형님은 조심성 없는 성격을 가졌군." 그는 그 이유를 이렇게 설명했다. "이 시계를 보게. 아래쪽 가장자리 두 곳에 움푹 팬 자국이 있고, 전체적으로 시계 표면에 긁힌 흔적이 상당히 많네. 이는 평소 시계를 동전이나 열쇠와 같은 단단한 물건과 함께 주머니에 넣고 다녔기 때문이야. 50파운드짜리 시계를 이렇게 함부로 다루는 걸 보면, 자네 형님은 조심성이 없는 성격이라고 봐도 무방하네."

이어 홈스는 또 다른 추론을 제시했다. "자네 형님은 궁핍한 생활을 할 때가 많았을 걸세. 물론 가끔 형편이 넉넉할 때도 있었겠지만 말이야." 홈스가 이렇게 판단한 근거는 시계 내부에서 발견된 전당포 번호였다. 당시 런던의 전당포에서는 시계를 맡을 때 물건이 유실되거나 헷갈리지 않도록 바늘로 시계 내부에 번호를 새기는 관례가 있었다. 이 시계에는 최소 네 개의 번호가 새겨져 있었는데, 이는 왓슨의 형이 생활하기가 어려워 시계를 자주 전당포에 맡겼다는 증거였다. 홈스는 여기에 한 가지 추론을 더 덧붙였다. "가끔은 형편이 넉넉할 때도 있었을 걸세. 그렇지 않았다면 전당포에 돈을 갚고 시계를 다시 찾아오는 건 불가능했을 테니까 말이야."

마지막으로 홈스는 다음과 같이 추론했다. "자네 형님은 술에 취해 지내는 날이 많았을 걸세." 그가 이렇게 말한 이유는 시계태엽을 감는 열

쇠 구멍 주변에 긁힌 자국이 많았기 때문이다. 그 자국은 분명 열쇠를 돌리는 과정에서 생긴 흔적이었다. 보통 정신이 맑은 사람이라면 열쇠를 한 번에 정확히 구멍에 꽂을 수 있으므로, 술에 취한 사람의 시계가 아니고서야 이런 흔적들이 생기기는 어렵다고 판단한 것이다.

홈스는 이 모든 추론을 종합하여 왓슨의 형에 대해 결론을 내렸다.

"자네 형님은 자유분방하고 방탕한 삶을 사는 분이네. 한때는 앞날이 기대되던 시절도 있었겠지. 하지만 자네 형님은 좋은 기회를 모두 놓쳐 버렸고, 그로 인해 자주 궁핍한 생활에 시달렸을 걸세. 물론 어쩌다 가끔 형편이 좋아질 때도 있었겠지만, 결국 술에 찌들어 살다 생을 마감했을 가능성이 크네."

놀랍게도 홈스가 내린 추론은 모두 사실이었다.

정보 추론에 관한 예시를 몇 가지 더 살펴보자.

미국에서 방영된 범죄 수사 드라마 〈라이 투 미Lie to Me〉에서는 주인공 칼 라이트먼 박사가 여러 사건을 조사하는 과정에서 사람 얼굴의 미세한 표정 변화나 세세한 몸짓 등을 분석하여 상대방의 심리를 추론하는 모습을 보여 준다. 예를 들어 당신이 무심코 턱을 긁거나, 코를 만지거나, 침을 삼키는 행동을 했을 때, 라이트먼 박사는 그러한 행동을 근거로 당신이 거짓말을 하고 있는지 아닌지를 즉시 파악해 낸다.

정보 추론은 실제로 다양한 직업에서 활용되고 있다. 예를 들어, 식물학자는 야외 조사 중 식물의 가지, 잎, 뿌리의 형태를 관찰하여 해당 식물의 종류를 정확히 판별한다. 어획 경험이 풍부한 어부는 날씨와 해류 등 바다 상황을 관찰하여 어획에 유리한 위치를 판단한다. 내과 의사는 환자의 증상을 묻고, 상태를 관찰하며, 검사 결과를 분석하여 환자가 앓고 있는 질병을 진단한다.

마찬가지로 과학사에 관심이 많은 사람이라면 알 것이다. 수많은 과학 탐구 사례는 어떤 현상을 관찰한 뒤 그 이면에 숨겨진 원인을 찾아가는 정보 추론 과정에서 이뤄졌다.

가장 대표적인 예가 사과가 땅에 떨어지는 현상을 보고 만유인력을 추론해 낸 아이작 뉴턴의 일화다. 뉴턴의 친구 윌리엄 스터클리William Stukeley는 『아이작 뉴턴 경의 삶에 대한 회고록Memoirs of Sir Isaac Newton's life』에서 뉴턴과의 만남을 기록했다. 1726년 4월 15일, 스터클리는 뉴턴을 만나러 그의 집을 방문했다. 두 사람은 정원에 있는 사과나무 아래에서 차를 마시며 대화를 나누었고, 그때 뉴턴은 과거 비슷한 상황에서 사과가 땅으로 떨어졌던 기억을 떠올리며 만유인력 개념을 생각해 냈다. 뉴턴은 이렇게 말했다. "사과는 왜 항상 수직으로 땅에 떨어질까? 어째서 위로 솟아오르거나 옆으로 뻗거나 혹은 기울어져 떨어지지 않는 걸까?"

과학 연구 분야에서도 정보 추론 사례가 무수히 많다. 영국의 과학자 제임스 왓슨과 프랜시스 크릭은 DNA의 X선 회절 사진을 보고 DNA의 이중 나선 구조를 추론해 냈다. 또한 독일의 물리학자 막스 플랑크는

흑체 복사 현상을 설명하기 위해 양자 이론을 발표하며 양자 물리학의 서막을 열었다.

정보 추론은 결코 특정 전문가들만의 전유물이 아니다. 실제로 평범한 사람 누구나 일상에서 수없이 반복하며 자연스럽게 정보 추론을 하고 있다.

1.1.3 개발자 김 대리의 일기

김 대리의 직업은 개발자다. 지금부터 김 대리의 어느 하루를 적은 일기를 살펴보자.

아침에 잠이 깨 창밖을 보니 바깥은 아직 어둑어둑했다. 일어나기에 시간이 이른 것 같아 조금 더 눈을 붙이기로 했다.

집을 나서려는데 하늘이 잿빛처럼 흐렸다. 하늘을 보고 나니 오늘은 비가 올지도 모르겠다는 생각이 들었고, 길이 막힐 것을 대비해 버스 대신 지하철을 타고 출근하기로 했다. 지하철역에서 나오니 역시나 비가 내리고 있었다. 도로 위의 차들도 매우 느리게 움직이고 있었다. 그 순간, 내 결정이 맞았다는 생각에 뿌듯했다.

회사에 도착하자마자 상사로부터 전화가 걸려 왔는데, 상사의 목소리가 심상치 않았다. "김 대리, 내 방으로 좀 와요." 순간 심장이 철렁했다. 그리고 문득 어제 퇴근 전에 상사에게 보낸 코드가 떠올랐다. '이거 큰일이네, 혹시 어제 내가 만든 프로그램에 문제가 있었던 걸까?' 그리하여 나는 급히 어제 작성한 코드를 다시 훑어보며 몇 가지 해결 방법을 미리 준비했다. 나는 상사를 찾아갔고, 역시나 어제 내가 짠 코드에 문제가 있었던 것이 맞았다. 하지만 다행히 미리 해결책을 준비해 간 덕분에 상황을 무사히 넘길 수 있었다.

오전 근무 시간에는 새로운 모듈을 작성하기 시작했다. 프로그램은 금방 완성되었고 실행도 잘 되었으나, 정작 문제는 해결되지 않았다. 나는 버그^{bug}를 찾기 시작했다. "어라, 이 루프(특정 작업을 반복 실행하도록 짜인 코드_역주)가 왜 이렇게 빨리 종료된 거지? 혹시 내가 설정한 루프 변수에 문제가 있는 걸까?" 역시나 그게 문제였다! 나는 곧장 오류를 수정했고, 프로그램은 정상적으로 작동하기 시작했다.

점심시간이 되자 나는 동료 박 대리와 함께 식사하러 가려 했다. 평소라면 늘 같이 점심을 먹던 박 대리가 오늘은 울적한 얼굴로 말했다. "아직 일이 남아서 같이 못 갈 것 같아." 왠지 무슨 일이 있는 것 같았다. 생각해 보니 박 대리가 종종 여자 친구와 있었던 일을 말했던 게 떠올라서 그에게 물었다. "무슨 일 있어? 혹시 여자 친구랑 또 싸운 거야?" 그러자 그가 말했다. "어휴, 맞아. 내가 야근하는 것 때문에 매번 불만이 많았잖아. 그런데 이번에는 아예 헤어지자네." 나는 몇 마디 위로의 말을 건넸다. 덕분에 기분이 한결 나아진 박 대리는 나와 함께 점심을 먹으러 나섰다.

퇴근 후, 여자 친구와 영화를 보러 가기로 했다. 영화관에서 두 편의 영화가 상영 중이었다. 하나는 할리우드 액션 영화였고 다른 하나는 국내 코미디 최신작 영화였다. 국내 코미디 영화에는 내가 굉장히 좋아하는 배우가 출연했기에 분명 재미있을 거라는 확신이 들었다. 그래서 나는 여자 친구에게 이 영화를 보자고 제안했고, 그녀도 흔쾌히 동의했다.

상영관에 입장하기 전, 여자 친구가 매점 앞에서 잠시 걸음을 멈췄다. 그 순간 나는 그녀의 속마음을 단번에 알아차렸다. 망설일 필요도 없이 나는 곧장 매점으로 가서 그녀가 늘 즐겨 먹던 대용량 팝콘을 사 왔다. 여자 친구가 너무나 기뻐했다. 영화 역시 내 예상대로 아주 재미있었다. 우리는 즐거운 시간을 보냈다.

자, 위 내용에서 김 대리는 정보 추론을 몇 번이나 했는가? 답은 총 7번이다.

(1) 잠자리에서 일어났을 때, 창밖 하늘색을 보고 '현재 시각'을 추론했다.

(2) 집을 나서기 전, 날씨 상황을 보고 비가 올 가능성과 도로 정체 가능성을 추론했다.

(3) 출근 후, 상사의 말투와 어제의 상황을 종합해 상사가 자신을 찾는 이유를 추론했다.

(4) 오전 근무 시간, 프로그램의 실행 결과를 보고 버그가 나타난 원인을 추론했다.

   1 우리는 언제 어디서나 정보를 추론한다

(5) 점심시간에 박 대리의 표정과 이전에 그와 했던 대화를 떠올리며 박 대리가 울적한 이유를 추론했다.

(6) 영화를 보기 전, 영화 소개를 보고 영화가 재미있을지를 추론했다.

(7) 상영관에 입장하기 전, 여자 친구의 행동과 표정을 관찰하고 그녀가 평소 좋아하는 것을 떠올리며 지금 그녀가 원하는 것이 무엇인지 추론했다.

위 일화 속 김 대리는 정보 추론의 고수다. 그가 내린 모든 추론은 정확히 맞아떨어졌고, 그 덕분에 김 대리는 기분 좋은 하루를 보낼 수 있었다. 하지만 만약 그의 추론이 모두 틀렸다면 어땠을까? 김 대리의 그날 하루는 절대 순탄치 않았을 것이다.

1.1.4 정보 추론의 어려움

우리는 정보를 추론할 때 주로 목격한 현상을 바탕으로 그 속에 숨겨진 정보를 유추해 낸다. 여기서 목격한 현상은 흔히 겉모습, 관측 또는 결과라고 부르고, 그 속에 숨겨진 정보는 내적 요인, 본질 혹은 원인이라고 말한다.

사물이나 현상이 드러나는 과정은 안에서 바깥으로 향하는 '정방향 과정'이다. 즉, 내적 요인이 겉으로 드러나는 것, 본질이 관측 가능한 형태로 드러나는 것, 원인이 결과로 이어지는 흐름과 같다. 이러한 관점에서 보면 정보 추론은 바깥에서 안으로 향하는 '역방향 과정'이라 할 수 있다. 이를 그림으로 표현한 것이 [그림 1.2]다.

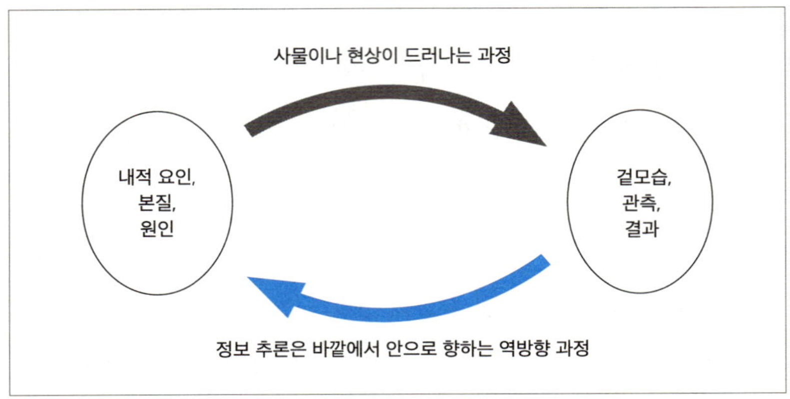

[그림 1.2] 사물이나 현상이 드러나는 과정과 정보 추론 과정

예를 들어 보자. 모든 질병은 특정한 증상을 나타낸다. 여기서 '질병'은 내적 요인이고, '증상'은 겉으로 드러난 모습이다. 의사가 환자의 병을 진단하는 과정이 바로 정보 추론의 전형적인 예라고 할 수 있다. 의사는 겉으로 드러난 증상을 바탕으로 환자가 앓고 있는 질병을 추론한다.

일반적으로 사물이나 현상의 내적 요인과 본질을 알고 있을 때, 그것이 어떤 형태나 모습으로 드러날지를 예측하기는 비교적 쉽다. 하지만 이와 반대로 겉으로 드러난 현상을 보고 그 이면의 원인을 추론하는 정보 추론 과정은 훨씬 더 어렵다.

다시 의사가 질병을 진단하는 이야기로 돌아와 보자. 전문의가 되려면 수년간 수련을 거쳐야 하는데 왜 그럴까? 그 이유는 '증상'으로부터

'질병'을 추론하는 과정이 매우 어렵기 때문이다. 이 과정이 어려운 이유는 다음과 같다.

첫째, 대다수의 질병은 상태가 겉으로 뚜렷하게 드러나지 않는다. 특히 질병의 초기 단계에서는 더욱 그렇다. 실제로 대부분의 암은 발병 초기에는 증상이 거의 나타나지 않는다.

둘째, 질병과 증상은 일대일로 대응하지 않는다. 쉽게 말해, 하나의 질병이 여러 증상을 동시에 유발할 수 있고, 반대로 동일한 증상이라 하더라도 그 원인이 되는 질병은 서로 다를 수 있다. [그림 1.3]은 여러 질병과 여러 증상의 복잡한 대응 관계를 보여 준다.

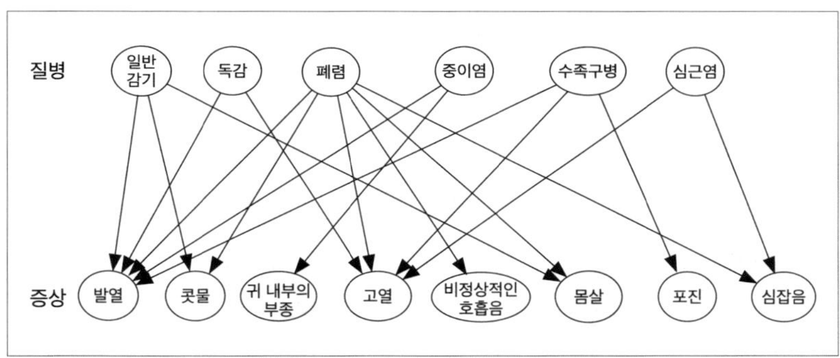

[그림 1.3] 질병과 증상이 일대일로 대응하지 않는 이유

구체적인 예를 들어 보자. 폐렴은 발열, 콧물, 비정상적인 호흡 소리 등을 유발할 수 있다. 그러나 '발열'이라는 증상은 폐렴뿐 아니라 일반 감기, 독감, 중이염 등 다양한 질병에서 나타날 수 있다. 이처럼 질병과

증상이 일대일로 대응하지 않기 때문에, 의사는 진단 과정에서 여러 가능성을 고려해야 하는 어려움을 겪게 된다.

셋째, 사람은 저마다 타고난 체질이나 유전적 차이가 있으므로 동일한 질병이라도 각 개인에게 나타나는 증상은 다를 수 있다. 이러한 개인의 차이는 진단 과정에서 고려해야 할 변수를 증가시켜, 그만큼 진단을 더욱 어렵게 만든다.

"물이 어찌 이렇게 맑을 수 있느냐고 묻는다면, 그건 끊임없이 맑은 물이 솟아나는 샘이 있기 때문이다."

정보 추론은 목격한 현상을 가지고 그 뒤에 숨겨진 정보를 유추하는 과정이다. 다시 말해, 겉으로 드러난 외부 정보를 분석하여 그 안에 숨겨진 내부 정보를 밝혀내는 과정이다.

사실 우리는 일상 속에서 무의식적으로 수많은 정보를 추론하고 있다. 특히 탐정이나 의사와 같은 몇몇 직업군에서는 정보 추론이 아주 일상적인 일이다. 그러나 정확한 정보를 추론해 내기는 결코 쉬운 일이 아니다. 왜냐하면 겉으로 드러난 정보가 뚜렷하지 않은 경우가 부지기수고, 겉으로 드러난 정보와 그 이면에 숨겨진 정보가 매번 일대일로 대응하는 것은 아니기 때문이다.

<지자의린 智子疑鄰>이 주는 교훈

1.2.1 흑백 논리

일상에서 종종 이런 대화를 들어 봤을 것이다.

"팀장님이 분명 나한테 불만이 있는 것 같아. 어젯밤에 메시지를 보냈는데 하루가 지나도록 답이 없어."

"저 둘은 틀림없이 사귀고 있어. 퇴근할 때 두 사람이 같이 가는 걸 여러 번 봤거든."

"회사 매출이 부진한 이유는 분명 제품 품질에 문제가 생겼기 때문일 거야."

의도했든 아니든, 이들은 모두 '흑백 논리'로 정보를 추론하고 있다. 흑백 논리에 익숙한 사람은 '어떤 일이 일어난 원인은 오직 하나이며, 그 원인은 자신이 생각하는 바로 그 원인이다'라는 믿음을 무의식적으로 가지고 있다.

혹백 논리를 기반으로 정보를 추론하는 사람의 특징은 이렇다. 그들은 단 하나의 원인을 제시한 뒤, 그 원인을 뒷받침할 증거를 찾아 자신이 내린 결론을 정당화하려고 한다. 흑백 논리에 의한 사고는 대체로 다음과 같이 이뤄진다.

(1) 한 가지 사건 또는 현상을 목격한다.

(2) 머릿속에서 즉각적으로 한 가지 원인이 떠오른다. 이 원인은 목격한 사건이나 현상을 부분적으로 설명할 수는 있지만, 그것이 실제 원인이라고 단언할 수는 없다.

(3) 머릿속으로 이 원인이 확실하다는 것을 뒷받침할 다른 증거를 찾는다. 그리고 점점 더 자신이 말한 그 원인이 옳다고 확신하게 된다.

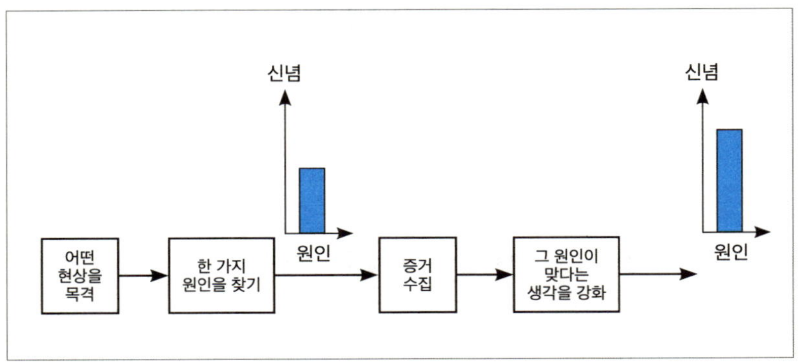

[그림 1.4] 흑백 논리로 사고하는 과정

 1 우리는 언제 어디서나 정보를 추론한다

『한비자^{韓非子}』에 수록된 〈지자의린^{智子疑鄰}(아들은 지혜롭다고 칭찬하고 이웃은 도둑으로 의심한다)〉 이야기를 살펴보자. 내용은 다음과 같다.

송나라에 어떤 부자가 있었다. 어느 날 비가 많이 내려 그 집의 담장이 무너졌다. 그 모습을 본 부자의 아들이 말했다. "담장을 고치지 않으면 분명 도둑이 들 것입니다." 마침 지나가던 이웃집 노인도 같은 말을 건넸다. 그리고 그날 밤 부잣집에 정말로 도둑이 들어 많은 재물을 훔쳐 갔다. 부자는 담장을 고쳐야 한다고 말했던 아들은 지혜롭다고 칭찬하면서도, 같은 말을 했던 이웃집 노인은 도둑이 아닐지 의심했다.

이 부자의 사고방식이 바로 전형적인 흑백 논리에 의한 사고다. 많은 재물을 도둑맞은 뒤, 그의 머릿속에서는 다음과 같은 흐름으로 사고가 이어졌다.

(1) 나는 재물을 도둑맞았다. (목격한 현상)

(2) 아마도 이웃집 노인이 훔쳐 갔을 것이다. (한 가지 원인을 제시)

(3) 이전에 그 노인은 "담장을 고치지 않으면 도둑이 들 것이다."라고 말했다. 이런 말을 내게 했다는 건, 애초에 그 노인이 우리 집 재물을 훔칠 마음을 먹고 있었던 게 아닐까? (증거 수집)

(4) 그 노인이 훔쳐 간 게 분명하다. (자신이 제시한 원인을 합리화)

〈지자의린〉에 등장하는 부자의 행동을 보고 다들 어리석다고 비웃겠지만, 실제로 많은 사람이 본질적으로는 이와 비슷한 사고방식을 가지고 있다.

그러나 현실 세계는 다양한 요소와 관점이 얽혀 있으므로 현실에서 일어나는 모든 상황을 흑백 논리로 바라보면 그 상황을 제대로 이해하거나 해결하기 어려울 수 있다. 그 이유는 다음과 같다.

첫째, 아무 상관관계도 없는 여러 원인이 하나의 동일한 사건을 초래할 수도 있기 때문이다. 따라서 우리는 어떤 사건을 목격했을 때 단 하나의 원인에만 초점을 두지 말고 가능성이 있는 모든 원인을 고려해야 한다.

앞서 언급된 사례를 예로 들어 보자. 상사에게 메시지를 보냈는데 하루가 지나도 답이 없었다는 상황은 상사가 당신에게 불만이 있다는 뜻이 아닐 수도 있다. 단순히 너무 바빠서 메시지 회신을 깜박했을 가능성도 있다. 마찬가지로 두 남녀가 자주 같이 퇴근한다고 해서 그 둘이 꼭 사귀는 사이라고 단정할 수 없다. 그저 집에 가는 길이 같아서 함께 가는 것일 수도 있다.

〈지자의린〉 고사에 등장하는 부자 역시 재물을 도둑맞은 상황에서 단 하나의 원인에만 꽂혀 '이웃집 노인은 도둑이다'라는 결론을 내리고 다른 가능성은 전혀 고려하지 않았다. 이웃집 노인은 그저 좋은 마음으로 조언해 준 것일 뿐, 부자의 재물을 훔친 자는 정작 다른 이일 수도 있기 때문이다.

둘째, 흑백 논리에 갇히면 처음 머릿속에 떠오른 원인이 곧 최종 결론이 되어버린다. 이 점이 바로 흑백 논리가 가진 가장 큰 문제다. 한 가지 원인에만 꽂혀 다른 가능성을 고려하지 않는 경우, 이후 수집한 모든 증거는 그 원인을 정당화하기 위한 도구에 불과하기 때문이다.

1.2.2 확률적 사고

흑백 논리와 대비되는 사고방식이 바로 '확률적 사고'다. 확률적 사고를 가진 사람은 다음과 같은 단계로 사고한다.

(1) 어떤 사건이나 현상을 목격한다.

(2) 가능성이 있는 모든 원인을 최대한 찾아본다.

(3) 관련이 있는 모든 증거를 최대한 수집한다.

(4) 수집한 증거를 바탕으로 가능성이 있다고 판단한 각 원인의 확률을 계산한다. 그리고 확률이 가장 큰 원인을 최종 원인으로 선택한다.

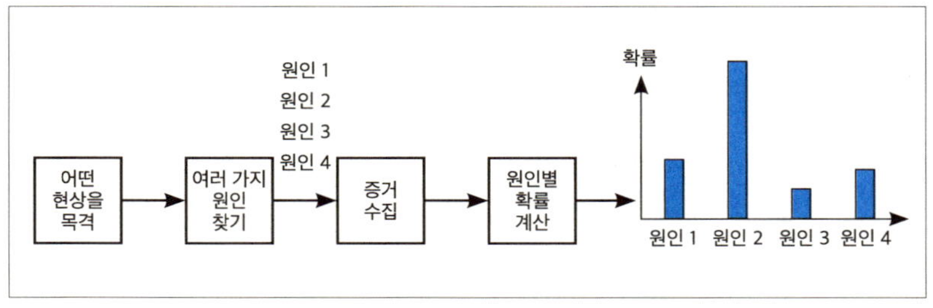

[그림 1.5] 확률적 사고의 접근법

확률적 사고는 흑백 논리와 비교했을 때 적어도 세 가지 장점이 있다.

첫째, 확률적 사고를 하는 사람은 정보 추론을 할 때 가능성이 있는 모든 원인을 고려 대상에 포함시킨다. 반면 흑백 논리로 생각하는 사람은 단 하나의 원인만을 고려하며, 이후 수집한 모든 증거는 처음에 생각한 그 원인을 정당화하는 데 사용한다. 그런 점에서 확률적 사고는 잠재적인 원인을 놓칠 가능성이 훨씬 낮다. 만약 〈지자의린〉 속 부자가 이웃집 노인 외에도 '지나가던 좀도둑', '마을 내 상습범' 등을 용의자에 포함시켰다면, 성급하게 잘못된 결론을 내리지 않았을 것이다.

둘째, 확률적 사고를 하는 사람은 초기 추론 이후에도 새롭게 수집된 증거를 추론에 반영하여, 각 원인이 실제로 사건을 일으켰을 확률을 재조정한다. 이렇게 수집된 증거를 바탕으로 각 원인의 확률을 점진적으로 수정하며, 결국 가장 높은 확률을 가진 원인을 최종 원인으로 판단한다. 또한 수집한 증거의 양이 많을수록, 신뢰도가 높은 증거일수록 더 정확한 확률 계산이 가능해지며, 결과적으로 사건의 진실에 가까워질 가능성이 높아진다.

셋째, 확률적 사고를 통해 도출되는 결론은 흑백 논리로 얻은 결론보다 훨씬 더 풍부한 정보를 담고 있다. 확률적 사고는 모든 가능한 원인에 대해 각 확률을 제시하는 반면, 흑백 논리는 단 하나의 원인만을 제시하기 때문이다.

예를 들어, 어떤 사건의 원인으로 A와 B, 두 가지 가능성이 있다고 가정해 보자. 흑백 논리로 접근하면 단순히 'A가 원인이다'라고 결론에 도달한다. 반면, 확률적 사고로 접근하면 'A가 원인일 확률은 51%, B가 원인일 확률은 49%다'라는 정보를 얻을 수 있다. 결국 확률적으로 가장 높은 A를 최종 원인으로 판단할 순 있으나, 이 과정에서 제공되는 정보량은 흑백 논리보다 훨씬 풍부하다. 예를 들어, '내일 비가 내릴 것이다'라는 예측보다 '내일 비가 내릴 확률은 51%다'라는 예측이 훨씬 더 많은 정보를 담고 있다. 이 문장은 단순히 비가 온다는 결론을 내리는 것이 아니라 비가 내릴 가능성이 비가 오지 않을 가능성보다 높지만, 그렇다고 비가 확실히 내리는 것도 아니며, 내리지 않을 가능성도 여전히 존재한다는 구체적인 정보를 제공한다.

이처럼 어떤 사건이나 현상이 발생한 이유를 판단할 때, 새롭게 얻은 증거를 반영하여 각각의 원인이 실제 사건을 일으켰을 확률을 계산하는 것이 확률적 사고의 핵심이다.

정리해 보자

흑백 논리는 사람들이 흔히 빠지는 보편적인 사고방식이다. 사람들은 흑백 논리로 정보를 추론할 때 한 가지 원인에만 꽂혀 새롭게 관측한 현상들조차 그 원인을 정당화하는 데 사용한다. 그리고 결국 최종 결론은 "100% 이게 원인이다."라는 식으로 귀결된다.

그러나 현실에서 벌어지는 일들은 '모 아니면 도', '이것 아니면 저것'처럼 단순하게 구분되지 않는다. 왜냐하면 서로 다른 여러 원인이 하나의 사건을 초래할 수 있고, 수집한 증거가 불완전하거나 제한적일 때가 많아 사건의 원인을 100% 단정하기 어려운 경우가 많기 때문이다. 이럴 때 우리는 확률적 사고를 사용해야 한다. 먼저 가능성이 있는 모든 원인을 찾아내고, 그다음 수집한 증거를 바탕으로 각 원인이 사건을 일으켰을 확률을 계산한 뒤 가장 높은 확률을 가진 원인을 최종 결론으로 선택해야 한다.

과거 공자는 무의毋意, 무필毋必, 무고毋固, 무아毋我라는 가르침을 남겼다. 이는 억측하지 말고, 단정하지 말 것이며, 고집부리지 않고, 아집에 빠지지 말라는 뜻이다. 이 중에서도 확률적 사고와 가장 밀접한 의미를 지닌 것이 바로 '무필(단정하지 말라)'이다.

 1 우리는 언제 어디서나 정보를 추론한다

1.3

가장 잘 설명하는 것이
가장 가능성이 높은 것이다

> **학생**: 이전 시간에 확률적 사고방식으로 정보를 추론하는 과정을 설명해 주셨잖아요. 구체적인 예가 있을까요?
>
> **선생님**: 사람들은 무의식적으로 주어진 상황을 가장 잘 설명할 수 있는 원인을 선택하려는 경향이 있어. 이것이 바로 '최대 우도법Maximum Likelihood Estimation'이란다.

흑백 논리와 비교하면 확률적 사고방식에는 여러 가지 장점이 있다. 확률적 사고에도 다양한 종류가 있지만, 우선 가장 널리 사용되는 방식인 '최대 우도법'에 대해 알아보자.

최대 우도법을 이해하기 전에, 간단한 수학 개념 하나를 짚고 넘어가야 한다. 바로 '조건부 확률Conditional Probability'이다.

1.3.1 조건부 확률

확률은 많은 사람이 익숙하게 이해하고 있는 개념이다. 어떤 사건 A

가 발생할 확률을 보통 $P(A)$로 나타내는데, $P(A)$는 $0 \leq P(A) \leq 1$인 값이다. 그리고 $P(A)$가 클수록 해당 사건이 발생할 가능성이 높음을 의미한다.

한편 조건부 확률은 말 그대로 어떤 특정 조건이 주어졌을 때 어떤 사건이 발생할 확률을 의미한다. 조건부 확률은 일반적으로 $P(A|B)$로 표현하며, 이는 'B가 일어날 경우에 A가 발생할 확률'을 의미한다.

쉽게 이해할 수 있는 예를 들어 보겠다. 도시에서는 출퇴근 시간에 교통 체증이 발생할 가능성이 매우 크다. 반면 점심시간에는 교통 체증이 발생할 가능성이 비교적 낮다. 이러한 현상은 다음과 같은 조건부 확률로 표현할 수 있다.

$$\begin{cases} P(\text{교통 체증} \,|\, \text{출퇴근 시간}) = 0.9 \\ P(\text{교통 체증} \,|\, \text{점심시간}) = 0.2 \end{cases}$$

첫 번째 식은 출퇴근 시간대에 차를 타고 나갔을 때 교통 체증을 겪을 확률이 0.9라는 의미다(즉, 평균적으로 10번 차를 타고 나가면 9번은 교통 체증이 발생한다는 뜻). 두 번째 식은 점심시간에 차를 타고 나갔을 때 교통 체증을 겪을 확률이 0.2라는 의미다(즉, 평균적으로 10번 차를 타고 나가면 2번 정도만 교통 체증이 발생한다는 뜻).

1.3.2 최대 우도법

대다수의 사람은 어떤 현상을 보고 그 뒤에 숨겨진 원인을 추론하려고 할 때, 다음과 같은 방식으로 사고한다.

(1) 가능성이 있는 모든 원인을 나열한다.

(2) 각 원인이 해당 현상을 일으킬 확률을 계산한다.

(3) 확률이 가장 높은 원인을 최종 결론으로 선택한다.

어떤 현상을 일으킬 가능성이 있는 원인을 원인 1, 원인 2, 원인 3이라고 가정해 보자. 이 경우, 각각의 원인이 특정 현상을 일으킬 확률은 다음과 같은 조건부 확률 형태로 표현할 수 있다.

$$\begin{cases} P(\text{관측한 현상} \mid \text{원인 1}) \\ P(\text{관측한 현상} \mid \text{원인 2}) \\ P(\text{관측한 현상} \mid \text{원인 3}) \end{cases}$$

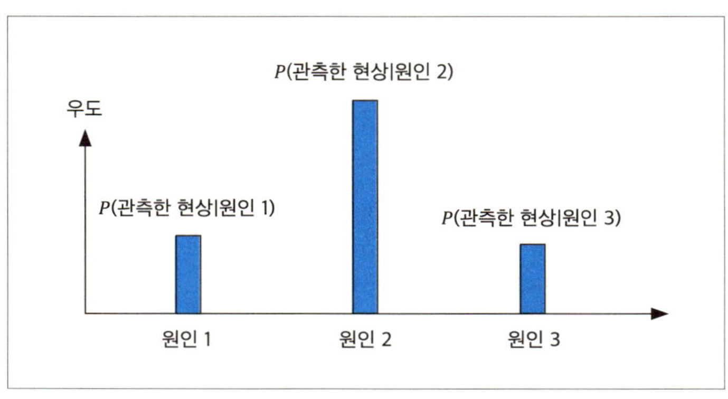

[그림 1.6] 최대 우도법의 예

[그림 1.6]은 이 세 가지 원인이 특정 현상을 일으킬 확률을 그래프로 나타낸 것이다. 여기서 우리는 원인 2에 해당하는 조건부 확률이 가장 크다는 것을 확인할 수 있다. 따라서 최종적으로 원인 2를 가장 가능성이 높은 원인으로 선택하게 될 것이다.

주의할 점은 조건부 확률에서 조건에 해당하는 '원인'은 '|'의 오른쪽에 위치하고, '관측한 현상'이 '|'의 왼쪽에 위치한다. 그리고 특정 조건(원인)이 주어졌을 때 어떤 현상이 발생할 확률, 우리는 이것을 '우도likelihood'라고 부른다. 쉽게 말해 어떤 원인의 우도가 크다는 것은 그 원인이 존재할 때 그 현상을 목격할 가능성이 크다는 것을 의미한다. 우리는 우도가 가장 큰 원인, 즉 어떤 현상을 유발할 가능성이 제일 큰 원인을 관측된 현상을 초래한 근본 원인으로 선택한다. 그리고 이러한 방식을 '최대 우도법Maximum Likelihood Estimation'이라고 부른다.

우도 P(관측한 현상 | 원인 i)는 두 가지 의미로 해석할 수 있다. 하나는 원인 i가 존재하는 상황에서 해당 현상이 관측될 확률이고, 다른 하나는 원인 i가 관측된 현상을 초래한 원인으로서 얼마나 설득력이 있는지를 나타낸다. 즉, 우도가 클수록 해당 원인은 관측된 현상의 발생 이유를 더욱 논리적으로 설명할 수 있다.

결국 최대 우도법이란, 특정 현상이 발생한 경위를 가장 논리적으로 설명할 수 있는 원인을 최종 원인으로 선택하는 방식이라고 말할 수 있다.

1.3.3 누가 10점을 명중시켰을까?

최대 우도법을 이해하기 위해 몇 가지 예시를 들어 보겠다.

예시 1: 당신과 올림픽 챔피언 중 누가 10점을 맞혔을까?

당신의 취미가 사격이라고 가정해 보자. 어느 날 당신은 운 좋게 훈련장에서 공기소총 올림픽 챔피언과 마주쳤다. 당신은 그와 간단한 대화를 나눈 뒤, 같은 과녁을 향해 각각 한 발씩 쏘기로 했다. 사격을 마친 뒤 과녁을 확인하러 가보니, 10점 과녁에 총알 하나가 정확히 명중해 있었다.

이제 문제가 생긴다. 이 10점 과녁을 맞힐 가능성이 더 높은 사람은 누구일까?

자, 현재까지 우리가 관측한 사실과 가능성이 있는 원인을 정리해 보자. 관측한 사실은 아주 간단하다. 당신과 올림픽 챔피언이 각각 한 발씩 쐈고, 총알 하나가 10점 과녁에 명중했다. 가능한 원인은 두 가지다. 당신이 쐈거나, 올림픽 챔피언이 쏜 것이다.

과거의 기록을 바탕으로 통계를 낸 결과, 다음과 같은 사실을 알게 되었다. 일반적인 상황에서 당신이 10점 과녁을 맞힐 확률은 10%(평균적으로 100번 쏘면 10번은 10점 과녁에 맞힌다)인 반면, 올림픽 챔피언이 10점 과녁을 맞힐 확률은 95%로 나타났다. [그림 1.7]의 내용을 조건부 확률로 나타내면 다음과 같다.

$$\begin{cases} P(\text{10점 과녁} \mid \text{당신이 쐈다}) = 10\% \\ P(\text{10점 과녁} \mid \text{올림픽 챔피언이 쐈다}) = 95\% \end{cases}$$

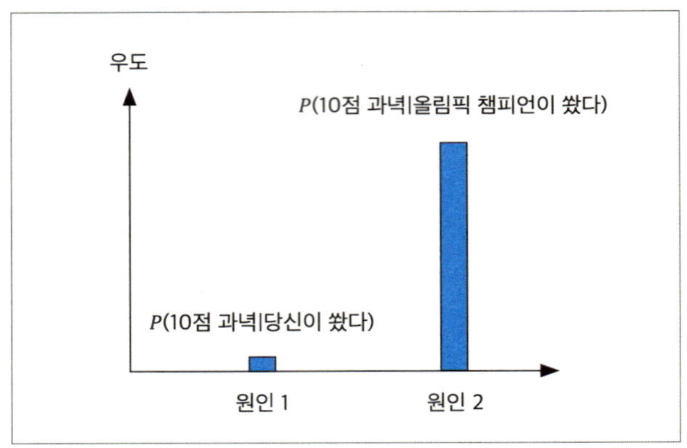

[그림 1.7] 10점 과녁을 맞힌 사람은 누구일까?

최대 우도법으로 분석해 보면, 관측한 현상(10점 과녁을 명중)은 올림픽 챔피언이 쏘았다고 가정했을 때 더 설득력 있게 설명된다. 즉, '올림픽 챔피언이 쐈다'는 가정(원인)이 10점 과녁을 명중한 결과와 더 잘 들어맞기 때문에, 올림픽 챔피언이 10점 과녁을 맞혔을 가능성이 더 높다고 판단할 수 있다.

예시 2: 당신이 좋아하는 아침 식사는 무엇인가요?

딸이 읽는 그림책 중에 〈당신이 좋아하는 아침 식사는 무엇인가요?〉라는 이야기가 있다. 그 책에는 다음과 같은 문장이 나온다.

　　　　　　　　　1 우리는 언제 어디서나 정보를 추론한다

• 좋아하는 아침 식사가 생선이라면, 당신은 고양이일 가능성이 높습니다.

• 좋아하는 아침 식사가 뼈다귀라면, 당신은 강아지일 가능성이 높습니다.

• 좋아하는 아침 식사가 당근이라면, 당신은 토끼일 가능성이 높습니다.

[그림 1.8] 당신이 좋아하는 아침 식사는 무엇인가요?

각 문장은 하나의 추론 과정을 보여 주고 있으며, 이 추론들은 모두 최대 우도법이라는 사고방식을 기반으로 하고 있다.

첫 번째 문장을 예로 들어 분석해 보자. 먼저 '생선을 좋아한다'라는 것은 관측한 현상이다. 이제 이 현상을 바탕으로 해당 동물이 무엇인지 추론해 보자. 이해하기 쉽도록 해당 동물이 고양이, 강아지, 토끼 중 하나라고 가정하고, 우리의 경험을 바탕으로 각 동물이 생선을 좋아할 확률을 추정해 보자. 그러면 다음과 같이 가정할 수 있다.

• 고양이가 생선을 좋아할 확률은 90%다.

• 강아지가 생선을 좋아할 확률은 70%다.

• 토끼가 생선을 좋아할 확률은 1%다.

자, 그렇다면 '생선을 좋아한다'는 현상을 관측했을 때, 이 현상을 가장 설득력 있게 설명하는 가설은 해당 동물이 고양이라는 것이다. 이것이 바로 최대 우도법에 기반한 사고방식이다.

이처럼 최대 우도법을 통해 선택된 원인은 관측한 현상을 가장 논리적으로 설명할 수 있는 원인이다. 또한 이러한 추론 방식은 실제 상황과도 가장 잘 맞아떨어진다.

1.3.4 최대 우도법의 또 다른 예시

앞서 우리는 최대 우도법과 관련된 몇 가지 예시를 살펴보았다. 위 예시들에서는 최대 우도법이 자연스럽게 적용되었을 뿐 아니라, 대체로 현실 상황과도 잘 맞아떨어졌다. 그러나 때로는 최대 우도법을 적용할 때 신중한 판단이 필요하다. 몇 가지 추가 예시를 더 살펴보자.

예시 1: 프로그래머일까? 펀드매니저일까?

당신은 증권사 정문을 지나가던 중 건물 안에서 한 사람이 걸어 나오는 모습을 보았다. 장발의 그는 면도가 안 된 얼굴에, 옷차림도 자유로워 보였다. 자, 이제 질문하겠다. 두 가지 선택지 중 하나를 고른다면, 이 사람은 프로그래머일까, 펀드매니저일까?

아마 대부분 사람은 이 사람이 프로그래머일 거라고 생각할 것이다. 왜냐하면 사람들이 흔히 떠올리는 프로그래머의 이미지는 대체로 [그림

1.9(a)]의 스티브 워즈니악(애플 공동창업자)의 모습처럼 '외모에 크게 신경을 쓰지 않는 사람'이기 때문이다.

반면 펀드매니저에 대한 일반적인 이미지는 영화 〈더 울프 오브 월 스트리트The Wolf of Wall Street〉에 나오는 리어나도 디캐프리오처럼 세련되고 품위 있는 모습이다([그림 1.9(b)] 참조).

(a)   (b)

[그림 1.9] 스티븐 워즈니악과 영화 <더 울프 오브 월 스트리트>에 출연한
리어나도 디캐프리오

이 역시 최대 우도법을 통해 내린 합리적인 추론이라고 볼 수 있다. 좀 더 구체적으로 설명해 보겠다. 여기서 관측된 현상은 '자유로운 옷차림'이며, 이 현상을 초래했을 가능성 있는 원인으로는 '프로그래머'와 '펀드매니저'가 있다.

우리 머릿속에 떠오르는 일반적인 이미지에 따르면, 프로그래머가 펀드매니저보다 자유로운 옷차림을 할 확률이 훨씬 높다. 이를 수식으로 정리하면 다음과 같다.

$$P(\text{자유로운 옷차림} \mid \text{프로그래머}) \gg P(\text{자유로운 옷차림} \mid \text{펀드매니저})$$

이처럼 최대 우도법 관점으로 접근하면, 우리는 이 사람이 프로그래머일 가능성이 더 높다고 판단하게 된다.

예시 2: 비행기가 심하게 흔들리는 상황

사람들이 비행기를 두려워하는 이유는 비행 중 기체가 심하게 흔들릴 때 느껴지는 공포감 때문이다. 이때 사람들은 무의식적으로 정보를 추론하게 된다. [그림 1.10]과 같은 상황을 떠올려 보자.

[그림 1.10] 비행기가 심하게 흔들릴 때

이 상황에서 '기체가 심하게 흔들린다'는 관측된 현상이다. 그리고 이 현상을 초래할 수 있는 원인은 두 가지로 나뉠 수 있다. 하나는 비행기

　　1 우리는 언제 어디서나 정보를 추론한다

에 사고가 발생했기 때문이고, 다른 하나는 비행기에 이상은 없으나 난기류를 만났기 때문이다.

그렇다면 지금부터 최대 우도법으로 이 두 가지 원인의 확률을 계산해 보자. 상식적으로 비행기에 사고가 생긴 경우, 당연히 기체가 심하게 흔들릴 수 있다. 따라서 첫 번째 원인(비행기에 사고가 발생)은 '기체가 심하게 흔들린다'라는 현상을 100% 설명할 수 있다. 이를 수식으로 나타내면 다음과 같다.

$$P(\text{기체가 심하게 흔들린다} \mid \text{비행기에 사고가 발생했다}) = 100\%$$

물론 비행기가 난기류를 만나도 흔들릴 수 있다. 그러나 기체가 심하게 흔들리는 경우는 비교적 드물다. 가령, 우리가 탄 비행기가 난기류를 만났을 때 평균적으로 10번 중 1번 흔들렸다고 가정해 보자. 이를 수식으로 나타내면 다음과 같다.

$$P(\text{기체가 심하게 흔들린다} \mid \text{비행기가 난기류를 만났다}) = 10\%$$

따라서 비행기가 난기류를 만나 심하게 흔들릴 확률은 전자의 경우보다 훨씬 낮다. 다시 말해 '비행기에 사고가 발생했다'라는 원인이 '기체가 심하게 흔들린다'라는 현상을 더 타당하게 설명할 수 있는 것처럼 보인다.

대부분의 사람은 무의식적으로 이런 방식으로 판단한다. 그래서 비행기가 심하게 흔들릴 때 '어떡해, 비행기에 문제가 생겼나 봐!'라는 결론에 도달한다. 그 결과 손바닥에 땀이 나고, 심장이 두근거리며, 얼굴이 붉어지고, 숨이 가빠지고, 가슴이 답답해지는 등 극도의 긴장 상태에 빠지게 된다.

예시 3: 혈액 질환 검사 결과가 '양성(질환이 있음)'으로 나올 가능성

어떤 사람이 건강 검진 기관에서 종합 건강 검진을 받았다. 검진 항목에는 몇 가지 희귀 질환 검사도 포함되어 있었다.

검진을 마친 뒤 결과지를 받아 든 그는 깜짝 놀랐다. 혈액 질환 검사 항목에서 '양성'이라는 결과가 나왔기 때문이다. 놀란 그는 곧바로 검진 기관을 찾아가 이유를 물었고, 담당자는 그에게 이렇게 설명했다. "우리 기관에서는 이 질환을 전문적으로 검사하는 정밀 기기를 사용하고 있습니다. 따라서 검사 결과는 틀림없이 정확합니다." 이어 담당자는 해당 기기의 설명서를 보여 주었다. 설명서에 따르면, 이 기기의 검출률은 100%(이 혈액 질환을 앓고 있다면 반드시 이 기기를 통해 검출됨)이며, 오진율은 단 1%(건강한 사람 100명 중 1명꼴로 오진이 발생)라고 적혀 있었다.

그는 담당자의 설명을 듣고 난 뒤 절망에 빠졌다.

이 상황은 정말 절망적인 상황인 걸까? 자, 그럼 이제 최대 우도법으로 이 상황을 분석해 보자. 이 사례에서 관측된 현상은 '검사 결과가 양성'이다. 그리고 이 현상을 초래할 수 있는 원인은 두 가지뿐이다. 실제

　　　　　　　　1 우리는 언제 어디서나 정보를 추론한다

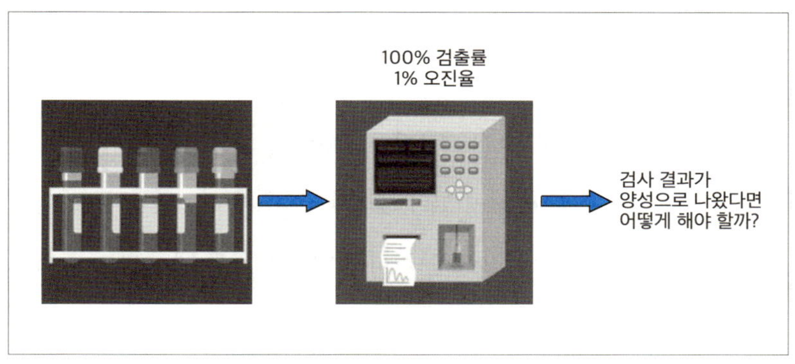

[그림 1.11] 혈액 질환 검사 결과가 '양성'으로 나올 경우

로 질환이 있거나, 혹은 질환이 없는데 기기가 오진한 경우다.

기기의 설명서대로라면, 혈액 질환을 앓고 있다면 반드시 이 기기로 질환 여부가 검출된다. 이를 수식으로 나타내면 다음과 같다.

$$P(\text{검사 결과는 양성} \mid \text{실제로 질환이 있다}) = 100\%$$

반면 질환이 없는데도 1%의 확률로 오진이 발생할 수 있다. 이를 수식으로 표현하면 다음과 같다. 즉, 건강한 사람 100명 중 1명은 잘못된 검사 결과를 받을 가능성이 있다.

$$P(\text{검사 결과는 양성} \mid \text{실제 질환이 없다}) = 1\%$$

이처럼 최대 우도법의 관점에서 봤을 때 검사 결과가 '양성'으로 나왔다면 실제로 그 질환을 앓고 있을 가능성이 더 높다고 판단하게 된다.

예시 4: IT 회사의 입사 제안을 거절해야 할까?

영화과를 졸업한 한 학생이 있다. 그녀는 배우가 되겠다는 꿈을 이루기 위해 10년 동안 노력했지만, 여전히 뚜렷한 성과를 내지 못한 상태였다. 그러던 어느 날, 우연히 인터넷에서 어느 영화의 주요 배역을 뽑는 오디션이 열린다는 소식을 보고 기쁜 마음으로 지원했다.

그녀는 오디션 결과를 기다리던 중 또 다른 대비책으로 어느 유명한 IT 회사의 면접도 봤다. 결과는 운 좋게 합격이었다. IT 회사 인사 담당자는 합격 통보를 받은 다음 날 바로 계약서에 서명해야 한다고 말했다.

그런데 그날 저녁, 그녀는 영화사로부터 한 통의 메일을 받았다. 메일에는 이렇게 쓰여 있었다. "축하합니다. 오디션에 합격하셨습니다."

환호성을 지르며 기뻐하던 그때, 갑자기 영화사로부터 두 번째 메일이 도착했다. "정말 죄송합니다. 시스템 오류로 인해 불합격자 중 1%에게 잘못된 합격 통보 메일이 발송되었습니다. 현재 확인 중이니 최종 결과는 내일 알려드리겠습니다."

내일까지 IT 회사에 답을 줘야 하는 상황인 그녀는 문제에 부딪혔다. 과연 그녀는 IT 회사에 입사하는 것을 포기해야 할까?

이번에도 최대 우도법을 활용해 추론해 보자. 현재 관측된 현상은 '오디션 합격 통보를 받았다'이다. 이 현상이 발생한 원인은 두 가지다. 오디션에 실제로 합격했거나, 혹은 오디션에 불합격했지만 시스템 오류로

　　　　　　　　　　　　1 우리는 언제 어디서나 정보를 추론한다

잘못된 합격 통보를 받은 경우다.

영화사로부터 도착한 두 번째 이메일에는 '오디션에 합격한 사람에게는 합격 통보서가 모두 정확하게 발송되었으며, 오디션에 불합격한 사람 중 1%에게 잘못된 합격 통보서가 전달되었다'라고 쓰여 있었다. 그렇다면 이 내용을 수식으로 나타내보자.

$$P(\text{오디션 합격 통보를 받았다} \mid \text{오디션에 합격했다}) = 100\%$$

$$P(\text{오디션 합격 통보를 받았다} \mid \text{오디션에 불합격했다}) = 1\%$$

이처럼 최대 우도법을 이용해 이성적으로 추론한 결과, 그녀의 머릿속에서는 이런 생각이 떠올랐다. '시스템 오류로 합격 메일이 잘못 발송될 확률은 고작 1%야. 내가 그 1%에 해당할 확률은 지극히 낮아.' 결국 그녀는 망설임 없이 IT 회사 측에 입사 제안을 거절하는 메시지를 보냈다.

대부분의 사람은 여태껏 '최대 우도법'이라는 개념을 모르고 살아왔을 것이다. 심지어 확률을 배워 본 적이 없는 사람도 꽤 많을 것이다. 하지만 아이러니하게도 우리는 실생활에서 문제를 고민하고 판단할 때, 무의식적으로 최대 우도법을 자주 사용한다.

그런데 이런 생각은 해본 적이 있는가? 앞에서 다룬 몇 가지 사례처럼 최대 우도법으로 얻은 결론이 잘못된 판단일 가능성은 없을까?

 1 우리는 언제 어디서나 정보를 추론한다

당신이 희귀 혈액 질환을 앓을 확률은?

: 이제 최대 우도법이 무엇인지 잘 알겠어요. 설명해 주신 예시들도 전부 이해가 되었어요. 최대 우도법은 자연의 이치를 따르는 논리적인 사고 방식이네요.

선생님: 최대 우도법이 논리적이기는 하지만, 실제로는 큰 문제점이 하나 있어. 자, 그럼 지금부터 최대 우도법이 가진 문제점에 대해 이야기해 줄게.

지금까지 살펴본 최대 우도법은 굉장히 직관적이고 이해하기 쉬운 확률 개념이다. 또한 우리가 분석한 사례에서 도출한 결과도 현실과 잘 맞아떨어지기 때문에 신뢰할 만해 보인다. 하지만 앞에서 다룬 일부 예시의 결론이 실제로 틀렸을 가능성도 있다. 그 이유를 지금부터 살펴보겠다.

1.4.1 원인에 따라 발생 확률이 다르다

최대 우도법으로 문제에 접근할 때, 한 가지 중요한 사실을 놓치기 쉽다. 그것은 바로 각각의 원인이 결과를 일으킬 확률이 서로 다를 수 있다는 점이다.

앞서 다룬 '프로그래머일까, 펀드매니저일까?'의 사례를 다시 살펴보자. 이번에는 그림을 통해 최대 우도법이 범할 수 있는 오류를 구체적으로 분석해 보겠다.

먼저 이해를 돕기 위해 프로그래머의 70%는 옷차림이 자유롭고, 펀드매니저 중 옷차림이 자유로운 사람의 비중은 20%라고 가정해 보자. 이러한 가정을 바탕으로 두 그룹의 상황을 [그림 1.12]와 같이 나타냈다. 각 네모 박스는 프로그래머 그룹과 펀드매니저 그룹을 나타내며, 그 안의 파란색 영역은 각각의 그룹에서 옷차림이 자유로운 사람을 의미한다. 그림에서 볼 수 있듯이 프로그래머 그룹 내에서 파란색 영역이 차지하는 비율은 70%, 펀드매니저 그룹 내에서 파란색 영역이 차지하는 비율은 20%다.

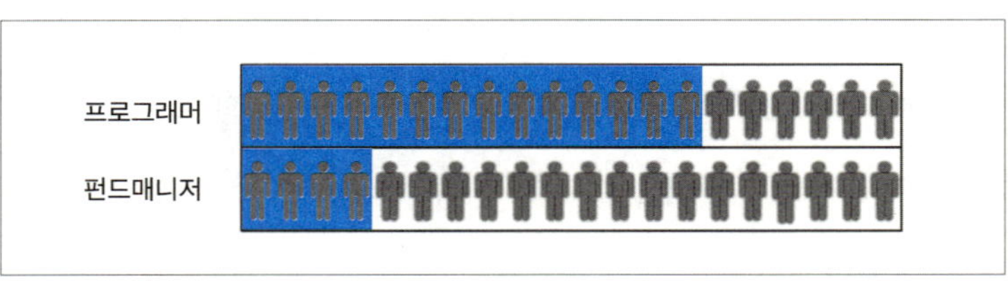

[그림 1.12] 프로그래머와 펀드매니저 중 옷차림이 자유로운 사람 수 비교

'옷차림이 자유로운 사람'이라는 조건이 주어졌을 때, 이 사람은 프로그래머일 확률이 높을까, 펀드매니저일 확률이 높을까?

 1 우리는 언제 어디서나 정보를 추론한다

그 답은 각 그룹의 파란색 영역에 속하는 사람 수를 세어 보면 알 수 있다. 보다시피, 프로그래머 그룹의 파란색 영역이 펀드매니저 그룹의 파란색 영역보다 훨씬 크다. 따라서 옷차림이 자유로운 사람은 프로그래머일 가능성이 더 높다고 판단할 수 있다.

이 결론은 앞서 우리가 최대 우도법을 통해 얻은 결론과 일치한다. 즉, 파란색 영역의 비율은 '옷차림이 자유롭다'라는 현상을 프로그래머와 펀드매니저 중 누가 더 설득력 있게 설명할 수 있는지를 나타낸다. 프로그래머 그룹의 파란색 영역 비율이 펀드매니저 그룹의 파란색 영역 비율보다 훨씬 높다는 것은 '옷차림이 자유롭다'라는 현상이 '프로그래머'라는 원인으로 더 잘 설명된다는 뜻이다.

직관적으로 보면 위 추론 과정은 매우 논리적이며 전혀 문제가 없어 보인다. 하지만 좀 더 면밀히 생각해 보자. 정말로 이 결론이 맞을까?

만약 이 사람이 증권사 건물에서 걸어 나오는 것을 목격했다면, 앞서 내린 결론은 수정해야 할까? 증권사 건물에서 나왔다는 직관적인 정보가 있으니, 분명한 건 우리는 이 사람이 펀드매니저일 확률을 더 높게 판단해야 한다. 그렇다면 구체적으로 어떻게 확률을 조정해야 할까?

우리의 경험상 증권사에는 펀드매니저의 수가 프로그래머보다 훨씬 많다. 좀 더 쉽게 이해할 수 있도록 '이 증권사에서 일하는 사람은 프로그래머와 펀드매니저만 있으며, 펀드매니저의 수는 프로그래머의 6배다'라고 가정해 보자. 이를 시각적으로 표현한 것이 [그림 1.13]이다.

여기서 기억해야 할 것이 있다. 펀드매니저 그룹 내에서 파란색 영역 (옷차림이 자유로운 사람)에 속하는 사람의 비율은 여전히 20%다. 하지만 펀드매니저의 총인원이 증가했기 때문에, 파란색 영역에 속하는 펀드매니저의 수도 증가했다.

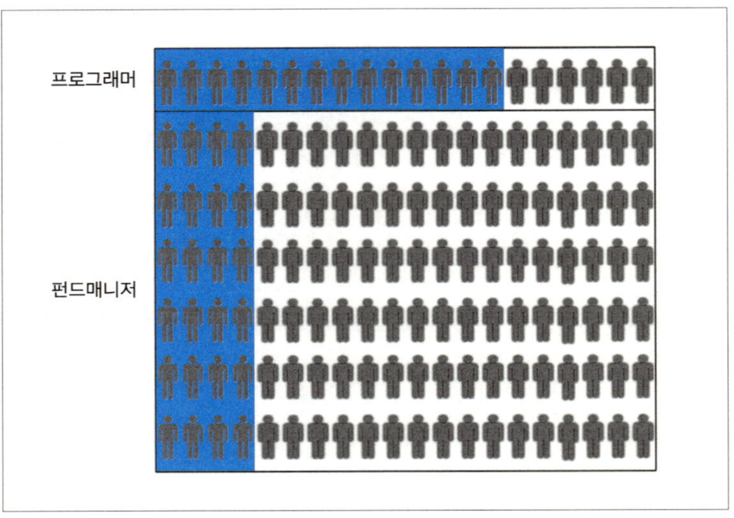

[그림 1.13] 펀드매니저의 총인원이 프로그래머의 6배인 경우

그럼 이제 새로운 가정을 바탕으로 각 그룹에서 옷차림이 자유로운 사람의 수를 계산해 보자. 먼저 프로그래머의 수를 x라고 가정하자. 그럼 펀드매니저의 수는 $6x$가 된다. 앞서 70%의 프로그래머가 옷차림이 자유롭고, 20%의 펀드매니저가 옷차림이 자유롭다는 가정에 따라, 옷차림이 자유로운 프로그래머의 수는 $0.7x$가 된다. 마찬가지로 옷차림

    1 우리는 언제 어디서나 정보를 추론한다

이 자유로운 펀드매니저의 수는 $0.2 \times 6x = 1.2x$이다. 이 계산에 따르면, 옷차림이 자유로운 펀드매니저의 수가 프로그래머보다 훨씬 더 많아진다. 따라서 해당 증권사에서 일하는 펀드매니저의 수가 프로그래머보다 6배 많은 상황에서는, 이 사람이 펀드매니저일 확률이 더 높다고 판단해야 한다.

그럼 구체적으로 확률을 계산해 보자. 우리가 옷차림이 자유로운 사람을 발견했을 때, 그 사람이 프로그래머일 확률은 다음과 같이 감소한다.

$$\frac{0.7x}{0.7x + 0.2 \times 6x} \approx 36.84\%$$

반면 옷차림이 자유로운 사람을 발견했을 때, 그 사람이 펀드매니저일 확률은 다음과 같이 증가한다.

$$\frac{1.2x}{0.7x + 0.2 \times 6x} \approx 63.16\%$$

비록 프로그래머 중 옷차림이 자유로운 사람의 비율(70%)이 펀드매니저(20%)보다 훨씬 높지만, 펀드매니저의 총인원이 프로그래머보다 훨씬 많다는 정보를 고려하면 옷차림이 자유로운 사람 중 펀드매니저의 절대적인 수가 프로그래머보다 많아지게 된다. 따라서 자유로운 옷차림을 하고 증권사 건물에서 걸어 나온 그 사람은 펀드매니저일 가능성이 더 크다.

[그림 1.12]와 [그림 1.13]을 비교해 보면, 최대 우도법이 가진 한계점이 명확하게 드러난다. 최대 우도법을 사용한 추론 결과가 잘못된 이유는 프로그래머가 펀드매니저보다 옷차림이 자유롭다는 현상의 발생 확률만 고려하고, 프로그래머와 펀드매니저의 전체 인원수 차이는 무시했기 때문이다.

이처럼 전체 집단의 크기가 다르다는 것은 특정 원인(프로그래머 또는 펀드매니저)에서 어떤 현상(자유로운 옷차림)이 발생할 기본 확률도 달라짐을 의미한다. 여기서 '기본 확률'은 우리가 '자유로운 옷차림의 사람'을 발견하기 전에 이미 알고 있는 통계 수치다(해당 증권사에 다니는 펀드매니저의 수는 프로그래머의 6배).

우리는 서로 다른 원인들이 본래 갖는 발생 확률, 즉 기본 확률이 서로 다르다는 점을 간과해서는 안 된다. 예를 들어 '비행기에 사고가 발생했다'와 '비행기가 난기류를 만났다'라는 두 가지 원인은 모두 기체가 심하게 흔들리는 현상을 초래할 수 있다. 그러나 비행기 사고가 실제로 발생할 확률은 비행기가 난기류를 만날 확률보다 훨씬 낮기 때문에, 두 가지 원인의 기본 확률은 다르다고 말할 수 있다.

위 사례에서 프로그래머와 펀드매니저의 기본 확률은, 이 회사에서 무작위로 한 사람을 선택했을 때 그 사람이 프로그래머 혹은 펀드매니저일 확률을 의미한다. 그러나 이 증권사에서는 펀드매니저의 수가 프로그래머보다 훨씬 많기 때문에, 펀드매니저의 기본 확률이 프로그래머보다 훨씬 높다고 볼 수 있다.

정리하자면, '프로그래머가 옷차림이 자유로운 현상을 더 설득력 있게 설명할 수 있더라도 프로그래머의 기본 확률이 펀드매니저에 비해 현저히 낮으므로, 증권사 건물에서 나온 자유로운 옷차림의 그 사람은 펀드매니저일 가능성이 더 크다'라는 결론에 도달한다.

이 내용은 [그림 1.13]을 통해 구체적으로 이해할 수 있다. 우리는 증권사 건물에서 옷차림이 자유로운 사람이 걸어 나오는 것을 발견했을 때 그 사람이 프로그래머일 확률이 높은지 아니면 펀드매니저일 확률이 높은지 판단하려면, 각 그룹의 전체 인원수를 나타내는 네모 박스 안에서 파란색 영역에 해당하는 사람 수를 비교해야 한다.

네모 박스 안에서 파란색 영역에 해당하는 사람 수는 두 가지 요인에 의해 결정된다. 하나는 각 그룹의 전체 인원수를 나타내는 네모 박스의 크기이며, 다른 하나는 해당 네모 박스 안에서 파란색 영역이 차지하는 비율이다. 결국 네모 박스 안에서 파란색 영역에 해당하는 사람 수를 구하는 식은 다음과 같다.

네모 박스 안에서 파란색 영역에 해당하는 사람 수 =
네모 박스 안에 있는 전체 사람 수 × 파란색 영역이 전체 네모 박스 안에서 차지하는 비율

여기서 전체 네모 박스의 크기는 '기본 확률'을 의미한다. 그림을 보면, 펀드매니저의 총인원수를 표현한 박스의 면적이 프로그래머 그룹의

박스보다 6배 크다. 이는 펀드매니저의 기본 확률이 프로그래머보다 6 배 높다는 것을 의미한다.

한편, 각 네모 박스 안에서 파란색 영역이 차지하는 비율은 '해당 원인이 그 현상을 얼마나 설득력 있게 설명해 줄 수 있는가'를 나타낸다. 위 예시에서는 프로그래머의 70%와 펀드매니저의 20%가 옷차림이 자유롭다는 정보가 주어졌다. 이는 곧 '자유로운 옷차림'이라는 현상이 프로그래머 그룹에서 발생할 확률이 펀드매니저 그룹보다 3.5배 더 높다는 것을 의미한다. 하지만 [그림 1.13]에 나타나 있듯이, 펀드매니저 그룹의 파란색 영역이 프로그래머 그룹보다 더 크다. 따라서 증권사 건물에서 나온 옷차림이 자유로운 그 사람은 펀드매니저일 확률이 더 높다.

지금까지의 추론을 통해 우리는 다음과 같은 결론에 도달한다. 어떤 현상을 관측했을 때, 그 현상을 가장 가능성 높은 원인과 연결하려면 반드시 다음 두 가지를 고려해야 한다. 바로 '해당 원인이 관측된 현상을 얼마나 잘 설명하는가, 해당 원인이 기본적으로 발생할 확률이 얼마나 높은가'이다.

즉, 최종적으로 선택된 원인은 관측된 현상을 가장 잘 설명하면서도, 그 원인이 발생할 가능성 자체가 높은 경우여야 한다.

　　　　　　　　1 우리는 언제 어디서나 정보를 추론한다

1.4.2 혈액 질환 검사

이어서 1.3.4에서 다룬 '혈액 질환 검사 결과가 양성(질환이 있음)으로 나올 가능성'이라는 예제를 다시 분석해 보자.

어떤 사람이 질병 검출률이 100%이고 오진율이 1%에 불과한 검사 기기로 혈액 검사를 받았다고 하자. 검사 결과, 희귀 혈액 질환이 있다는 진단을 받았다면 이 사람이 실제로 해당 질환을 앓고 있을 확률은 얼마나 될까?

이제 [그림 1.14]를 보며 이 문제를 해결해 보자. [그림 1.14]에서 파란색으로 표시된 영역은 검사 결과가 '양성'으로 나온 사람들을 나타낸다. 이 파란색 영역을 구성하는 위 칸과 아래 칸의 비율을 살펴보면, 위 칸(질환이 있는 사람)은 검사 결과가 100% '양성'으로 나왔고, 아래 칸(건강한 사람)은 단 1%만이 '양성'으로 나왔다.

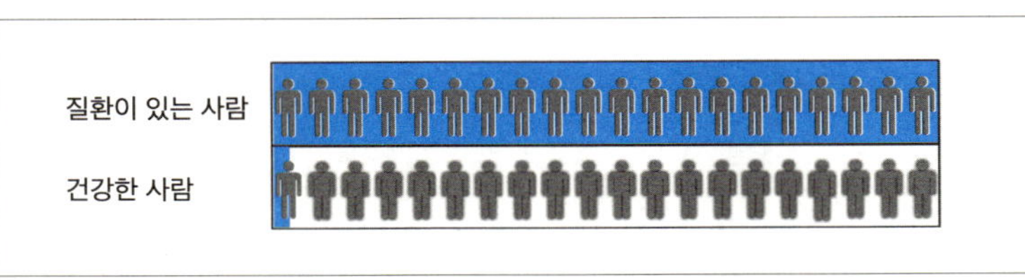

[그림 1.14] 질환이 있는 사람과 건강한 사람이 '양성'으로 판정될 확률 비교

이제 이 희귀 질환의 기본 확률을 고려하여 추론해 보자. 이 혈액 질환은 희귀 질환으로, 평균적으로 500명 중 1명만이 이 질환을 앓고 있다고 가정하자. 따라서 건강한 사람과 이 질환을 가진 환자의 비율은

499:1이 된다. [그림 1.15]는 이 비율을 전제로 실제 질환이 있는 환자와 건강한 사람이 검사에서 '양성'으로 나올 가능성을 시각적으로 보여준다.

보다시피, 이 질환을 가지고 있는 환자는 100%의 확률로 '양성' 판정을 받고, 건강한 사람 중 1%만이 검사 오류로 잘못된 판정을 받는다. 하지만 애초에 건강한 사람의 전체 인원수가 이 질환을 가진 환자 수보다 훨씬 많으므로 검사 결과가 '양성'으로 나왔더라도 실제로 질환이 있는 사람이 아니라 검사 오류로 잘못 판정된 건강한 사람일 가능성이 더 크다.

그럼 지금부터 구체적인 확률을 계산해 보자. 질환이 있는 환자의 수를 x라고 가정하면, 건강한 사람의 수는 $499x$가 된다. 그렇다면 검사 결과, '양성'으로 판정받은 사람의 총인원은 실제 질환이 있는 환자의 수와 검사 오류로 인해 질환이 있다고 판정받은 건강한 사람 수의 합과 같다. 이를 식으로 나타내면 다음과 같다.

검사 결과, '양성'으로 판정받은 사람의 총인원 $= x + 0.01 \times 499x$

따라서 어떤 사람이 양성 판정을 받았는데, 실제로 그 사람이 질환을 가지고 있을 확률은 다음과 같다.

$$\frac{x}{x + 0.01 \times 499x} \approx 16.69\%$$

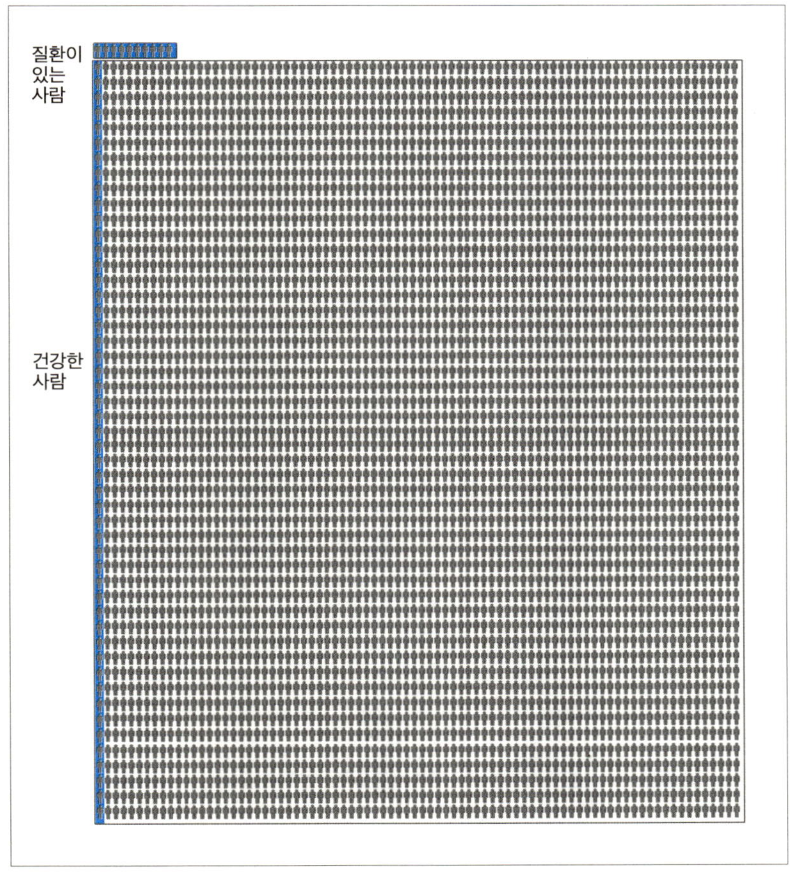

[그림 1.15] 질환의 기본 확률을 고려했을 때, 질환이 있는 사람과 건강한 사람 수의 비율

반대로 검사 오류로 인해 '양성'으로 판정받았지만 실제로는 건강한 사람일 확률은 다음과 같다.

$$\frac{0.01 \times 499x}{x + 0.01 \times 499x} \approx 83.31\%$$

이 계산 결과는 현실적으로 매우 중요한 의미를 지닌다. 사실 우리가 평상시 암이나 백혈병 등의 중병을 실제로 앓을 확률(희귀 질환을 앓을 기본 확률)은 매우 낮다([그림 1.16] 참조). 예를 들어 통계에 따르면 평범한 사람이 폐암에 걸릴 확률은 10만 명 중 57.13명으로, 0.6%의 확률도 되지 않는다. 또한 대다수의 검사 기기는 어느 정도 오진의 가능성을 가지고 있다. 따라서 보통의 사람이 중병을 앓을 기본 확률이 낮다는 점과 검사 기기의 오진 가능성이 있다는 점을 종합하여 생각해 보면, 우리는 한 가지 중요한 교훈을 얻을 수 있다. 즉, 의사나 검사 기기로부터 희귀 질환에 걸렸다는 진단을 받았을 경우, 당황하지 말고 다른 병원을 찾아가 재검진을 받아 봐야 한다. 왜냐하면 오진일 가능성이 더 높기 때문이다.

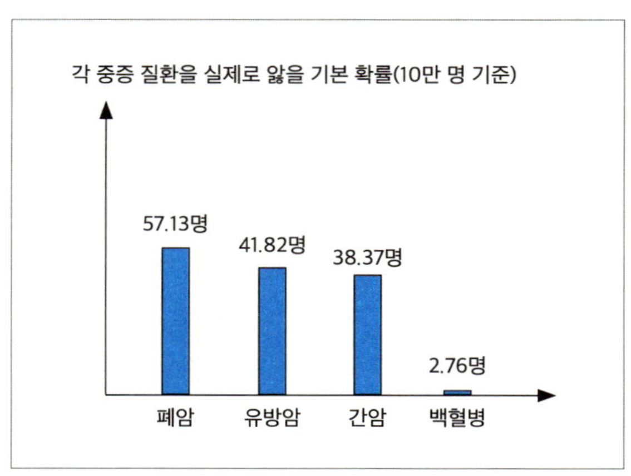

[그림 1.16] 중증 질환별 기초 발병 확률

1.4.3 직업 선택의 문제

이번에는 1.3.4에 나온 'IT 회사의 입사 제안을 거절해야 할까?'의 사례를 다시 분석해 보자. 이 여성은 영화사로부터 오디션 합격 통보를 받았다. 하지만 합격 통보 중 1%는 잘못 발송된 것이라는 것을 알았다. 그렇다면 그녀가 실제로 오디션에 합격했을 확률은 얼마나 될까?

먼저 최대 우도법을 사용하여 분석해 보자. 오디션에 합격했다면 100%의 확률로 합격 통보를 받으며, 오디션에 불합격한 경우에도 1% 확률로 잘못된 합격 통보를 받을 수 있다. 따라서 '합격 통보'를 받았다는 사실을 놓고 보면, 이는 '오디션에 합격해서 합격 통보를 받았다'는 해석이 더 설득력 있어 보인다. 이러한 이유로 그녀는 자신이 오디션에 합격했을 가능성이 매우 높다고 생각할 것이다.

그러나 오디션에 합격할 기본 확률을 고려한다면 상황은 달라진다. 이 오디션은 대규모 공개 선발 방식으로 이루어진 만큼 지원자가 굉장히 많았으므로 오디션에 합격할 기본 확률이 매우 낮다. 이 확률을 0.1%라고 가정해 보자. 그렇다면 만일 오디션 지원자가 1,000명일 경우 합격자는 단 1명이고 나머지 999명은 불합격하게 된다.

지금까지 분석한 내용을 바탕으로 위 사례의 여성이 오디션에 합격했을 확률을 구해 보자. 실제로 오디션에 합격한 사람 수가 x명이라고 가정했을 때, 이 사람들은 모두 100% 합격 통보를 받는다. 그렇다면 오디션에 불합격한 사람 수는 $999x$가 되며, 이 중 1%의 사람만이 잘못 발송된 합격 통보를 받는 셈이다. 따라서 오디션 합격 통보를 받은 사람의 총인원은 $x+0.01\times999x$가 된다.

정리하면, 어떤 이가 오디션 합격 통보를 받았을 때 그 사람이 실제로 오디션에 합격했을 확률은 다음과 같다.

$$\frac{x}{x+0.01\times999x}\approx9.1\%$$

반대로, 오디션 합격 통보를 받았지만 실제로는 불합격했을 확률은 다음과 같다.

$$\frac{0.01\times999x}{x+0.01\times999x}\approx90.9\%$$

정리해 보면, 이 여성은 합격 통보를 받기는 했지만 그녀가 실제로 오디션에 탈락했을 가능성이 90% 이상이라는 결과가 나온다. 따라서 IT 회사의 입사 제안을 곧바로 거절하기보다는 신중히 검토하는 것이 더 합리적인 선택이다.

어떤 원인이 관측된 현상의 원인으로서 충분히 설득력이 있더라도, 그 원인 자체의 발생 확률이 매우 낮다면 우리는 그것을 가장 가능성 높은 원인으로 선택하면 안 된다.

따라서 어떤 현상을 초래한 원인을 최종적으로 선택할 때는 다음 두 가지를 모두 고려해야 한다. 첫째, 해당 원인이 그 현상을 초래한 원인으로서 충분한 설득력을 가지고 있는가? 둘째, 그 원인이 실제로 맞을 기본 확률은 얼마나 되는가?

즉, 우리는 '해당 원인이 관측된 현상을 얼마나 잘 설명해 주는가 × 해당 원인이 기본적으로 발생할 확률이 얼마나 높은가'를 고려하여, 이 값이 가장 큰 원인을 최종적으로 선택해야 한다. 이 두 가지를 동시에 고려하는 방식이 바로 우리가 앞으로 다룰 '베이즈 추론Bayesian inference'의 핵심 개념이다.

Chapter **2**

베이즈 정리

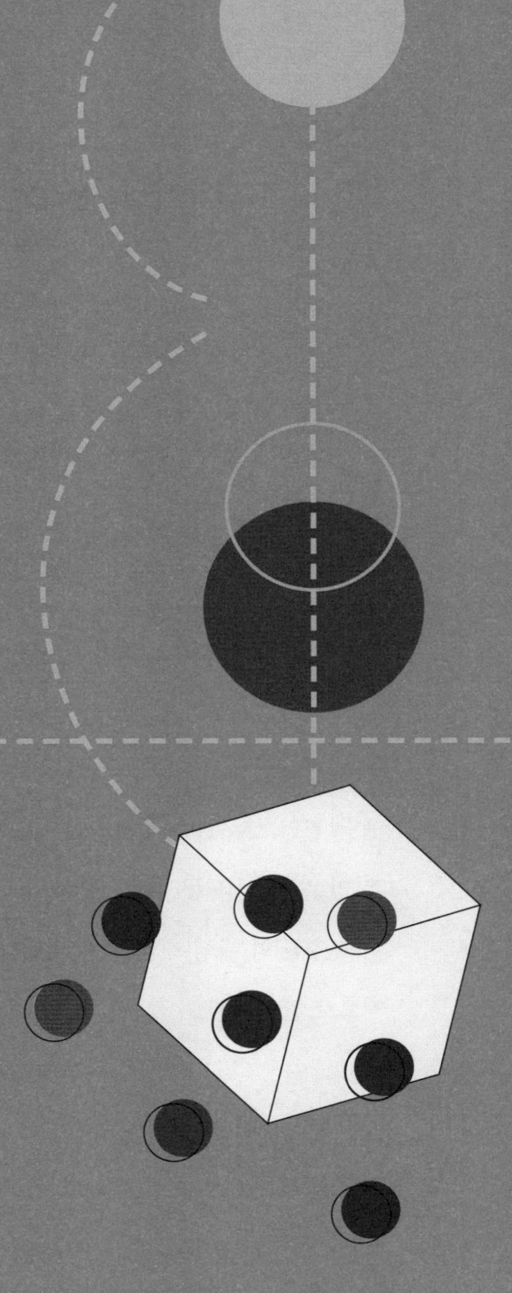

베이즈 정리와 그 수학적 논리

이전 챕터에서 우리는 정보를 추론할 때 '특정 현상이 관측된 이유를 해당 원인으로 얼마나 논리적으로 설명할 수 있는가'와 '그 원인이 실제로 맞을 확률'을 동시에 고려해야 한다는 점을 배웠다. 이것이 바로 '베이즈 추론'의 핵심 개념이다. 이번 챕터에서는 베이즈 정리에 대해 본격적으로 알아보자.

2.1.1 베이즈 정리의 탄생

먼저 베이즈라는 인물에 대한 이야기부터 시작해 보자. 토머스 베이즈Thomas Bayes는 1701년에 런던에서 태어나 1761년에 세상을 떠났다. [그림 2.1]은 생전 그의 모습이다.

그는 18세기 런던의 장로교 목사이자 아마추어 수학자였다. 베이즈는 생전에 자신이 정리한 수학 이론을 발표한 적이 없었으므로 동시대에는 거의 알려지지 않았다. 그러나 베이즈가 세상을 떠난 뒤 그의 친구였던 리처드 프라이스Richard Price가 베이즈의 「확률 이론

[그림 2.1] 토머스 베이즈

의 특정 문제를 해결하기 위한 논문An Essay Towards Solving a Problem in the Doctrine of Chances」을 정리해 발표했고, 이를 계기로 베이즈 이론이 확률 통계학의 중요한 이론으로써 세상에 알려지게 되었다. 그럼 지금부터 베이즈가 후대에 남긴 중요한 이론인 '베이즈 정리Bayes' Theorem'에 대해 알아보자.

베이즈 정리는 베이즈 공식이라고도 부르며, 기본 형태는 다음과 같다.

$$P(A|B) = \frac{P(A)\,P(B|A)}{P(B)} \qquad (2\text{-}1)$$

보다시피 베이즈 정리는 조건부 확률을 계산하는 공식이다. 그러나 실제로 베이즈 정리는 어떤 현상 뒤에 숨겨진 원인을 찾는 데 가장 많이 활용된다. 즉, 우리는 베이즈 정리를 활용해 정보를 추론할 수 있다는 얘기다.

앞서 우리는 흑백 논리와 확률적 사고에 대해 이야기한 적이 있다. 베이즈 정리를 이용한 정보 추론 역시 확률적 사고의 한 형태다.

본격적으로 베이즈 정리를 소개하기 전에 먼저 '정보 추론'이란 무엇이며, 이것이 수학적으로 어떻게 다뤄지는지 살펴보자. 정보를 추론하는 과정을 하나의 수학 문제로 추상화하면, 최대 우도법을 이용한 정보 추론과 베이즈 정리를 이용한 정보 추론의 차이를 좀 더 명확하게 이해할 수 있다.

2.1.2 정보 추론을 수학적으로 표현하기

먼저 '정보 추론'이라는 과정을 수학적으로 표현하면 어떤 형태의 문제로 정리될 수 있는지 살펴보자.

정보 추론이란 어떤 현상을 목격한 후 그 현상의 배후에 있는 가장 가능성 높은 원인을 찾는 과정이다. 여기서 '그 현상의 배후에 있는 가장 가능성 높은 원인'을 결정하는 과정은 두 단계로 나눌 수 있다. 첫째, 어떤 현상을 목격한 후, 그 현상을 초래했을 가능성이 있는 여러 원인의 확률을 계산한다. 둘째, 가장 높은 확률을 가진 원인을 선택한다. 여기서 우리가 기억해야 할 것이 있다. '관측된 현상을 특정 원인이 초래했을 확률'은 조건부 확률이라는 것이다.

원인 i의 조건부 확률은 다음과 같은 형태로 정리할 수 있다.

$$P(\text{원인 } i \mid \text{관측된 현상}) \tag{2-2}$$

정리하자면 정보 추론의 핵심은 관측된 현상을 설명할 수 있는 여러 원인에 대해 각각의 조건부 확률을 계산하고, 그것들의 상대적인 크기를 비교하여 가장 가능성이 높은 원인을 판단하는 것이다. 여기서 중요하게 봐야 할 것이 있다. 바로 조건부 확률에서 조건에 해당하는 '관측된 현상'은 '|'기호 뒤에 위치하며, '원인 i'는 '|' 기호 앞에 위치한다.

예를 들어, 가능성이 있는 원인이 두 가지이고 이 두 원인의 조건부 확률이 [그림 2.2]와 같다고 가정해 보자. 이 경우 우리는 조건부 확률이 더 큰 두 번째 원인을 최종 결론으로 선택하게 될 것이다.

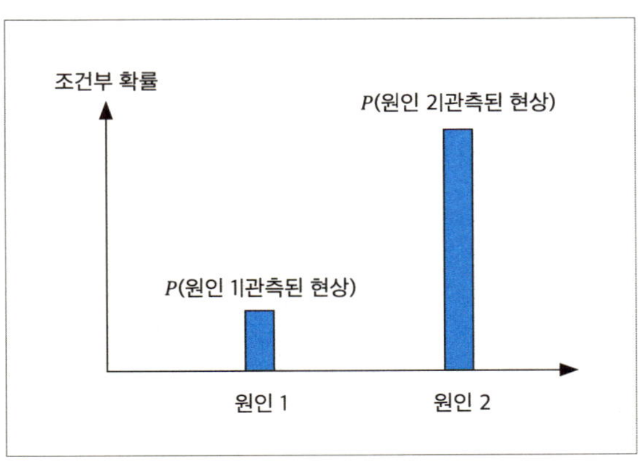

[그림 2.2] 정보 추론의 핵심은 가능성이 있는 여러 가지 원인의 조건부 확률을 비교하는 것

2.1.3 최대 우도법을 수학적으로 표현하기

이제 최대 우도법을 다시 살펴보자. 최대 우도법은 먼저 각 원인의 우

도^{likelihood}(가능성)를 계산한 다음, 우도가 가장 높은 원인을 선택하는 방법이다.

여기서 우도란, 어떤 원인이 발생했을 때 해당 현상이 관측될 확률을 의미한다. 우도 역시 조건부 확률의 형태로 표현할 수 있다. 원인 i에 대한 우도는 다음과 같다.

$$P(\text{관측된 현상} \mid \text{원인 } i) \tag{2-3}$$

이 조건부 확률 식 (2-3)을 앞서 정보 추론에 사용했던 조건부 확률 식 (2-2)와 비교해 보면 차이점을 명확히 알 수 있다.

정보 추론은 조건부 확률 $P(\text{원인 } i \mid \text{관측된 현상})$을 기준으로 확률이 가장 큰 원인을 선택한다면, 최대 우도법은 조건부 확률 $P(\text{관측된 현상} \mid \text{원인 } i)$를 기준으로 확률이 가장 큰 원인을 선택한다. 자세히 보면, 이 두 조건부 확률은 '|' 기호의 좌우가 정반대임을 알 수 있다.

따라서 최대 우도법은 '우도'를 이용해 조건부 확률 $P(\text{관측된 현상} \mid \text{원인 } i)$의 근삿값을 구하는 방법이라고도 볼 수 있다. 또 그렇기 때문에 최대 우도법은 특정 상황에서 잘못된 판단을 내릴 가능성이 존재한다(1.4의 내용 참고).

2.1.4 베이즈 정리를 활용한 정보 추론

베이즈 정리는 다음과 같이 정리할 수 있다.

$$P(A|B) = \frac{P(A)\,P(B|A)}{P(B)}$$

정보를 추론하는 과정에서 B는 관측된 현상을 의미하고, A는 관측된 현상 뒤에 숨겨진 특정 원인을 의미한다. 따라서 베이즈 정리는 아래 형태의 식으로 다시 쓸 수 있다.

$$P(\text{원인 } i \mid \text{관측된 현상}) = \frac{P(\text{원인 } i) \times P(\text{관측된 현상} \mid \text{원인 } i)}{P(\text{관측된 현상})} \quad (2\text{-}4)$$

위 식에서 좌변에 있는 $P(\text{원인 } i \mid \text{관측된 현상})$은 우리가 구하려는 조건부 확률이다. 즉, 베이즈 정리는 정보 추론 과정에서 원하는 조건부 확률을 어떻게 계산하는지를 직접적으로 알려 주는 공식이라고 할 수 있다.

$P(\text{원인 } i \mid \text{관측된 현상})$, 이 조건부 확률은 '사후 확률posterior probability' 이라고 부른다. 여기서 '사후'란 어떤 현상을 관측한 후 특정 원인이 그 현상을 초래했을 확률을 판단한다는 의미다.

이어서 식 (2-4)의 우변에 있는 세 확률이 각각 무엇을 의미하는지 살펴보자.

먼저, 첫 번째 '$P(\text{원인 } i)$'는 현상을 관측하기 전에 원인 i가 실제로 발생할 확률을 나타낸다. 일반적으로 이것을 '사전 확률prior probability'이라고 부른다. 여기서 '사전'이란 어떤 현상(또는 사실, 증거)을 관측하기 이전의 상태를 의미한다. 사전 확률은 기존에 원인 i에 대해 가지고 있는 지식이나 경험을 바탕으로 추정한다. 눈치챘겠지만, 이 사전 확률은 이전에 여러 번 언급된 '기본 확률'과 같은 개념이다.

두 번째 $P($관측된 현상 | 원인 $i)$는 원인 i가 발생했을 때 특정 현상이 목격될 확률을 의미한다. 다시 말해 최대 우도법에서 설명했던 '우도'가 바로 이것이다. 또한 이 값은 해당 원인이 관측된 현상의 원인으로서 얼마나 설득력이 있는지를 나타내는 척도다.

세 번째 $P($관측된 현상$)$은 관측된 현상이 모든 가능한 상황에서 발생할 확률을 의미한다. 따라서 식 (2-4)를 해석하면 다음과 같이 표현할 수 있다.

$$\text{원인 } i \text{의 사후 확률} = \frac{\text{원인 } i \text{의 사전 확률} \times \text{원인 } i \text{의 우도}}{\text{관측된 현상이 모든 가능한 상황에서 발생할 확률}} \quad (2\text{-}5)$$

이외에도 우리는 베이즈 정리를 도식화하여 유도할 수 있다. 이에 대한 자세한 내용은 부록 A를 참조하자.

2.1.5 베이즈 정리를 통해 알게 된 사실

우리는 식 (2-5)를 통해 최소 세 가지 사실을 알게 되었다.

첫째, 원인이 달라도 식 (2-5)의 우변에 있는 분모, 즉 '관측된 현상이 모든 가능한 상황에서 발생할 확률'은 동일하다는 점이다. 그러므로 두 원인의 사후 확률 비율은 각 원인의 '사전 확률 × 우도' 값의 비율로 결정된다. 결국 베이즈 정리를 통해 사후 확률이 가장 큰 원인을 선택한다는 것은 '사전 확률×우도' 값의 크기가 가장 큰 원인을 선택하는 것과 같다.

즉, 베이즈 정리를 통해 선택된 원인은 다음 두 가지 조건을 충족해야 한다. 관측된 현상이 해당 원인에 의해 발생했음을 논리적으로 설명할 수 있어야 하고, 그 원인이 실제로도 자주 발생하는 것이어야 한다. 만약 '관측된 현상의 원인으로서 충분히 설득력이 있지만, 실제로 발생할 확률이 매우 낮은 원인'과 '관측된 현상의 원인으로서 어느 정도 설득력이 있으면서 실제로도 발생할 확률이 높은 원인' 중 하나를 선택해야 한다면, 베이즈 정리는 대개 후자를 선택한다.

둘째, 최대 우도법이 가진 한계를 이해할 수 있다. 최대 우도법은 우도가 가장 큰 원인, 즉 관측된 현상이 특정 원인으로 인해 발생했다고 가정했을 때 가장 그럴듯한 원인을 선택한다. 다시 말해 최대 우도법은 '이 원인으로 해당 현상을 얼마나 잘 설명할 수 있는지'에만 초점을 맞추고, 그 원인이 실제로 발생할 확률은 고려하지 않는다.

식 (2-5)를 좀 더 자세히 분석해 보면, 서로 다른 두 원인의 사전 확률이 동일할 경우 사후 확률이 가장 큰 원인은 곧 우도가 가장 큰 원인임을 알 수 있다. 따라서 이 관점에서 보면 최대 우도법에는 한 가지 가정이 내포되어 있다. '모든 원인의 사전 확률은 동일하다'이다.

셋째, 식 (2-5)의 우변에서 P(원인 i)를 분자에서 빼내 식을 살짝 변형해 보면 다음과 같이 표현할 수 있다.

원인 i의 사후 확률

$$= \text{원인 } i \text{의 사전 확률} \times \frac{\text{원인 } i \text{의 우도}}{\text{관측된 현상이 발생할 확률}} \qquad (2\text{-}6)$$

우변에 있는 분모 '관측된 현상이 발생할 확률'은 각 원인의 우도를 일정한 비율로 조정하는 역할을 한다(이 조정 비율은 모든 원인에 대해 동일하게 적용된다). 결과적으로 이 과정은 확률값을 정규화Normalization(모든 가능성 있는 원인의 확률을 더했을 때 총합이 1이 되도록 확률을 조정하는 과정이다. 즉, 각 원인의 확률을 동일한 기준으로 변환하여 0부터 1 사잇값으로 정리하는 것을 의미한다_역주)하는 역할을 한다. 이해하기 쉽게 원인 i를 모두 생략하고 식을 단순화하면, 식 (2-6)은 다음과 같이 나타낼 수 있다.

$$\text{사후 확률} = \text{사전 확률} \times \text{정규화된 우도} \qquad (2\text{-}7)$$

이 식은 사후 확률이 사전 확률을 기반으로 조정된 결과임을 보여준다.

정리하자면, 어떤 현상을 관측한 후 베이즈 정리를 이용해 그 현상의 원인을 추론하는 과정은 다음 세 단계로 이루어진다.

(1) 가능성이 있는 모든 원인을 열거하고, 각 원인의 사전 확률을 계산한다.

(2) 각 원인의 우도를 계산한다.

(3) 사전 확률과 우도의 곱이 가장 큰 원인을 최종 결과로 선택한다.

[그림 2.3]은 베이즈 정리로 정보를 추론하는 사고방식을 시각적으로 나타낸 것이다.

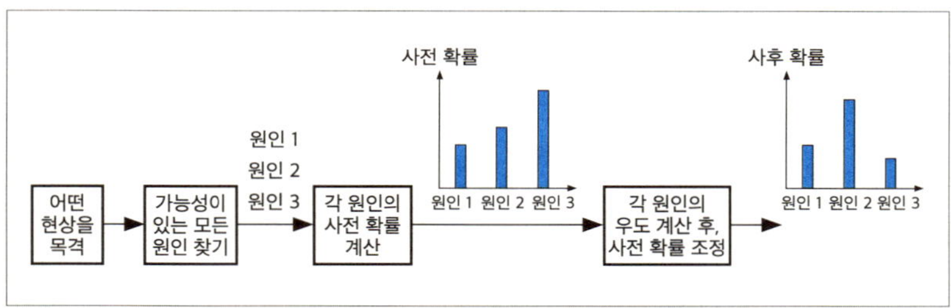

[그림 2.3] 베이즈 정리로 정보를 추론하는 과정

자, 그럼 지금부터 위의 세 단계에 따라 몇 가지 사고 훈련을 해 보자.

2.1.6 베이즈 정리를 이용한 세 가지 추론 사례

지금부터 베이즈 정리를 이용해 아래의 예시들을 분석해 보자.

예시 1: 프로그래머일까, 펀드매니저일까?

이전 챕터에서 다뤘던 '프로그래머일까, 펀드매니저일까?' 문제를 베이즈 정리로 다시 분석해 보자.

이 예시에서 어떤 사람의 옷차림이 자유로운 이유로 두 가지 가능성이 있었다. 그가 프로그래머이기 때문이거나, 또는 펀드매니저이기 때문이다. 그럼 이 두 가지 원인의 사전 확률과 우도를 각각 계산해 보자.

먼저, '그가 프로그래머이다'라는 원인의 사전 확률과 우도를 구해 보자. 앞서 설정한 가정에 따르면, 펀드매니저의 전체 인원수는 프로그래머의 6배다. 따라서 옷차림이 자유로운 사람이 프로그래머일 사전 확률은 $\frac{1}{7}$이 된다. 이를 식으로 나타내면 다음과 같다.

$$P(\text{프로그래머}) = \frac{1}{7}$$

그런데 프로그래머의 옷차림이 자유로울 확률이 70%이므로, 우도는 다음과 같이 나타낼 수 있다.

$$P(\text{자유로운 옷차림} \mid \text{프로그래머}) = 70\%$$

따라서 사전 확률과 우도의 곱을 식으로 표현하면 다음과 같다.

$$P(\text{프로그래머}) \times P(\text{자유로운 옷차림} \mid \text{프로그래머}) = \frac{1}{7} \times 0.7 = 0.1$$

다음으로, '그가 펀드매니저이다'라는 원인의 사전 확률을 구해 보자.

$$P(\text{펀드매니저}) = \frac{6}{7}$$

펀드매니저의 옷차림이 자유로울 확률은 20%이므로, 우도는 다음과 같이 나타낼 수 있다.

　　　　　　　　　　　　　　　　　　　　　　　　2 베이즈 정리

$$P(\text{자유로운 옷차림}\,|\,\text{펀드매니저}) = 20\%$$

마지막으로 사전 확률과 우도의 곱을 식으로 표현하면 다음과 같다.

$$P(\text{펀드매니저}) \times P(\text{자유로운 옷차림}\,|\,\text{펀드매니저}) = \frac{6}{7} \times 0.2 \approx 0.17$$

각 원인의 사전 확률과 우도의 곱을 통해 우리는 다음과 같은 사실을 알게 되었다.

$$\begin{cases} \text{프로그래머: 사전 확률} \times \text{우도} = 0.1 \\ \text{펀드매니저: 사전 확률} \times \text{우도} \approx 0.17 \end{cases}$$

따라서 베이즈 정리로 추론해 보면 다음과 같은 결론을 얻게 된다. 증권사 건물 입구에서 옷차림이 자유로운 사람과 마주쳤을 때, 그 사람이 '펀드매니저'일 확률은 '프로그래머'일 확률보다 약 1.7배 높다. 즉, 그 사람은 펀드매니저일 가능성이 더 높다.

예시 2: 비행기가 심하게 흔들리는 상황

앞서 우리는 최대 우도법을 이용해 비행기가 심하게 흔들리는 상황의 원인을 추론한 바 있다. 이제 같은 상황을 베이즈 정리를 이용해 분석해 보자.

비행기가 심하게 흔들리는 원인은 다양하지만, 그중 유력한 두 가지 원인은 다음과 같다. 비행기에 사고가 발생했거나, 비행기가 난기류를 만났을 때다. 그럼 이제 각 원인의 사전 확률과 우도를 구해 보자.

먼저, 첫 번째 원인의 사전 확률은 P(비행기에 사고가 발생했다)이다. 비행기 사고는 뉴스에서 자주 보도되지만, 비행기 사고가 실제로 발생할 확률은 매우 낮다. 이에 대해 미국 MIT 통계학 교수 아놀드 바넷 Arnold Barnett은 다음과 같은 비유를 들었다. "한 사람이 매일 한 번씩 비행기를 탄다고 가정하면, 평균적으로 12.3만 년에 한 번 치명적인 항공 사고를 겪게 된다." 즉, 한 사람이 비행기 사고를 겪을 확률은 대략 다음과 같이 표현할 수 있다.

$$P(\text{비행기에 사고가 발생했다}) = \frac{1}{123000 \times 365} \approx 2.23 \times 10^{-8}$$

정말로 비행기에 사고가 발생한 것이라면 기체가 심하게 흔들리는 것은 당연한 일이다. 따라서 비행기에 사고가 발생했을 때 심한 흔들림이 관측될 확률(우도)은 다음과 같다.

$$P(\text{기체가 심하게 흔들린다} \mid \text{비행기에 사고가 발생했다}) = 1$$

따라서 이 경우의 사전 확률과 우도의 곱은 다음과 같다.

$$P(\text{비행기에 사고가 발생했다}) \times$$

$$P(\text{기체가 심하게 흔들린다} \mid \text{비행기에 사고가 발생했다}) \approx 2.23 \times 10^{-8}$$

이어서 두 번째 원인의 사전 확률을 구해 보자. 비행기가 난기류를 만나는 상황은 굉장히 흔한 일이다. 그렇다면 이 원인의 사전 확률은 다음과 같이 가정해 보자.

$$P(\text{비행기가 난기류를 만났다}) = 0.9$$

비행기가 난기류를 만나면 보통은 기체가 흔들린다. 물론 간혹 기체가 심하게 흔들리는 경우도 있다. 비행기가 난기류를 만나 기체가 심하게 흔들리는 상황이 평균적으로 열 번에 한 번꼴로 발생한다고 가정해 보자. 그렇다면 난기류로 인해 기체가 심하게 흔들리는 상황이 관측될 확률은 다음과 같다.

$$P(\text{기체가 심하게 흔들린다} \mid \text{비행기가 난기류를 만났다}) = 0.1$$

두 확률의 곱은 다음과 같다.

$$P(\text{비행기가 난기류를 만났다}) \times$$

$$P(\text{기체가 심하게 흔들린다} \mid \text{비행기가 난기류를 만났다}) = 0.09$$

각 원인의 사전 확률과 우도의 곱을 통해 우리는 다음과 같은 사실을
알 수 있다.

$$\begin{cases} \text{비행기에 사고가 발생했다: 사전 확률} \times \text{우도} \approx 2.23 \times 10^{-8} \\ \text{비행기가 난기류를 만났다: 사전 확률} \times \text{우도} = 0.09 \end{cases}$$

베이즈 정리로 추론해 보면, 비행기가 심하게 흔들릴 때 그 상황을 초
래한 원인이 '비행기가 난기류를 만났기 때문'일 확률은 '비행기에 사고
가 발생했기 때문'일 확률보다 약 400만 배 이상 높다. 이것만 봐도 두
원인의 발생 확률이 엄청난 차이를 보인다는 사실을 알 수 있다. 따라서
베이즈적 사고를 하는 사람이라면 비행기가 심하게 흔들리는 상황에서
도 침착하게 대응할 것이다. 그러나 현실에서는 대부분의 사람이 비행
기가 심하게 흔들릴 때 극도의 불안감을 느낀다. 그 이유는 크게 두 가
지로 설명할 수 있다.

첫째, 사람들은 무의식적으로 베이즈 정리가 아닌 최대 우도법으로
눈앞에서 벌어진 상황의 원인을 찾으려는 경향이 있다. 가령, 사람들은
목격한 현상(비행기가 심하게 흔들리는 상황)을 가장 잘 설명할 수 있는 원인
(비행기에 사고가 발생)을 본능적으로 떠올린다.

둘째, 설령 베이즈 정리로 해당 현상의 원인을 추론한다 해도, 사람들
은 '비행기에 사고가 발생했다'는 원인의 사전 확률을 실제보다 과대평
가하는 경향이 있다.

그렇다면 왜 통계적으로 밝혀진 비행기 사고의 확률은 우리가 생각하는 것보다 훨씬 더 낮을까? 그 이유는 아마도 뉴스와 미디어의 영향 때문일 것이다. 왜냐하면 뉴스에서는 주로 비행기 사고와 같은 극적인 사건만 집중적으로 보도하고, 사고 없이 이루어진 비행 사례는 거의 다루지 않기 때문이다. 이러한 보도 방식은 사람들에게 비행기 사고가 자주 발생한다는 인식을 심어 주며, 이로 인해 사전 확률이 과대평가되고 편향된 인식이 형성된다.

따라서 어떤 일을 판단하거나 결론을 내릴 때는 반드시 사전 확률을 고려해야 하며, 그 사전 확률이 객관적이고 정확해야 한다.

예시 3: 누군가 나를 따라오고 있는 상황

주말에 길을 걷다가 갑자기 낯선 이가 내 뒤를 따라오는 것을 발견했다. 이때 마음속에서는 이런 의문이 생긴다. "설마 저 사람이 나를 해치려는 걸까?"

이번에도 마찬가지로, 우선 가능성이 있는 모든 원인을 나열해 보자. 나를 해치려는 사람이거나, 단순한 행인인 경우다. 두 원인의 사전 확률과 우도를 계산해 보자.

먼저 첫 번째 원인의 사전 확률과 우도를 알아보자. 통계에 따르면 중국에서는 평균 10만 명당 한 명이 살인으로 사망한다. 이 말은 즉 중국인이 평생 자신을 해치려는 사람을 만날 확률이 10^{-5}라는 소리다. 따라서 이 경우의 사전 확률은 다음과 같다.

$$P(\text{나를 해치려는 사람이다}) = 10^{-5}$$

만약 누군가 나를 해치려고 한다면, 그 사람은 분명히 높은 확률로 나를 따라올 것이다. 따라서 우도는 다음과 같다.

$$P(\text{누군가 내 뒤를 따라온다} \mid \text{나를 해치려는 사람이다}) = 1$$

두 확률의 곱은 다음과 같다.

$$P(\text{나를 해치려는 사람이다}) \times$$
$$P(\text{누군가 내 뒤를 따라온다} \mid \text{나를 해치려는 사람이다}) = 10^{-5}$$

다음으로, 두 번째 원인의 사전 확률과 우도를 계산해 보자. 길을 걸으면서 아무런 상관없는 행인을 만날 확률은 매우 높다. 따라서 이 경우의 사전 확률은 $P(\text{단순한 행인이다}) = 1$로 가정해 볼 수 있다. 게다가 사람이 북적이는 번화가에서는 아무런 상관없는 행인이 내 뒤를 따라올 가능성이 아주 크다. 우리는 이 확률을 60%라고 가정해 보자. 그렇다면 우도는 다음과 같이 표현할 수 있다.

$$P(\text{누군가 내 뒤를 따라온다}\mid\text{단순한 행인이다}) = 0.6$$

두 확률의 곱은 다음과 같다.

$$P(\text{단순한 행인이다}) \times$$

$$P(\text{누군가 내 뒤를 따라온다}\mid\text{단순한 행인이다}) = 0.6$$

각 원인의 사전 확률과 우도의 곱을 통해 우리는 다음과 같은 사실을 알 수 있다.

$$\begin{cases} \text{나를 해치려는 사람이다: 사전 확률}\times\text{우도}=10^{-5} \\ \text{단순한 행인이다: 사전 확률}\times\text{우도}=0.6 \end{cases}$$

베이즈 정리로 추론해 보면, 내 뒤를 따라오는 사람이 단순한 행인일 확률이 나를 해치려는 사람일 확률보다 6만 배 더 크다. 그러므로 누군가 내 뒤를 따라온다고 해서 과도하게 불안해할 필요는 없다.

다만, 이 두 원인의 사전 확률은 장소와 환경에 따라 달라질 수 있다. 예를 들어 범죄율이 높은 국가에서는 '누군가 나를 해칠 가능성'이라는 사전 확률이 크게 증가할 수 있다. 마찬가지로 걷고 있는 장소가 번화가가 아닌 외진 골목이라면 내 뒤를 따라오는 사람이 '단순한 행인일 가능성'은 낮아지게 된다.

　이러한 관점에서 보면 범죄율이 높은 지역에서는 사람이 많은 장소에 머무는 것이 더 안전한 선택이 될 수 있다. 또한 대부분의 사람이 본능적으로 범죄 위험이 큰 지역에서는 번화가와 같은 안전한 장소를 찾으려고 한다.

베이즈 정리에는 세 가지 확률이 포함되어 있다. 바로 사후 확률, 사전 확률 그리고 우도이다. 사후 확률이란, 우리가 최종적으로 알고자 하는 값으로, 특정 현상의 원인을 최종적으로 결정할 때 근거로 사용된다. 사전 확률이란, 해당 원인이 실제로 발생할 확률을 의미한다. 마지막으로 우도란, 특정 원인이 주어졌을 때, 그 원인이 관측된 현상을 얼마나 잘 설명하는지를 나타낸다.

만약 관측된 현상을 초래했을 것이라 예상되는 원인이 여러 개이고 그중 하나를 선택해야 한다면, 베이즈 정리는 '사전 확률과 우도의 곱이 가장 큰 원인'을 선택하라고 말한다.

즉, 베이즈 정리를 통해 선택된 원인은 목격된 현상이 그 원인에 의해 발생했음을 논리적으로 설명할 수 있어야 하며, 실제로도 그 원인으로 인해 유사한 현상이 자주 발생했었어야 한다. 반면 최대 우도법으로 선택된 원인은 그 현상이 관측된 이유를 가장 논리적으로 설명할 수 있는 원인이다. 최대 우도법과 비교했을 때, 베이즈 정리의 가장 큰 차별점은 바로 '사전 확률'을 고려한다는 점이다. 최대 우도법은 사실상 가능성이 있는 모든 원

　　　　　　　　　　　　　　　　　　　2 베이즈 정리

인의 사전 확률이 동일하다는 가정을 전제로 한다. 반면 베이즈 정리는 원인마다 사전 확률이 다를 수 있음을 고려한다. 따라서 베이즈 정리를 활용하면 우리 주변에서 일어나는 수많은 현상을 보다 정교하게 분석할 수 있다.

베이즈 정리와 오컴의 면도날

2.2.1 오컴의 면도날

오컴의 면도날Occam's Razor은 14세기 논리학자이자 프란체스코 수도
회의 수도사인 오컴의 윌리엄William of Ockham이 제시한 문제 해결 법칙
이다. 이 법칙을 비유한 표현은 여러 가지가 있지만, 그중 가장 널리 알
려진 문장은 다음과 같다. "불필요한 것을 추가하지 마라Entities should not
be multiplied without necessity."

사실 오컴 이외에도 많은 유명 인사들이 이와 비슷한 말을 한 바 있다.

- **노자**: 진리는 아주 단순하다(大道至简).
- **아리스토텔레스**: 자연은 가능한 한 가장 단순하고 효율적인 방식

으로 작동한다(Nature operates in the shortest way possible).

- **프톨레마이오스**: 가장 단순한 가설로 설명하는 것이 좋은 원칙이다(We consider it a good principle to explain the phenomena by the simplest hypothesis possible).

- **갈릴레오**: 자연은 어떤 현상을 만들어 낼 때 불필요한 요소를 추가하지 않고, 가장 쉽고 단순한 방법을 사용한다(Nature does not multiply things unnecessarily; she makes use of the easiest and simplest means for producing her effects).

- **뉴턴**: 자연 현상을 설명할 때 필요하고 충분한 범위 내에서 진실로 입증된 원인만을 받아들여야 한다(We are to admit no more causes of natural things than such as are both true and sufficient to explain their appearances).

- **아인슈타인**: 모든 것은 가능한 한 단순하게 만들어야 하지만, 그렇다고 지나치게 단순화해서는 안 된다(Everything should be made as simple as possible, but not simpler).

정보 추론의 관점에서 보면, 오컴의 면도날은 다음과 같이 이해할 수 있다. 하나 또는 그 이상의 현상을 설명하기 위해 여러 가지 이유를 생각할 수 있다. 하지만 모든 이유가 동일하게 그 현상을 정확히 설명할 수 있는 것이라면, 그중 가정을 가장 적게 사용하는 이유를 선택해야 한다.

지금부터 '오컴의 면도날' 법칙을 활용해 분석한 사례들을 살펴보자.

예시 1: 나무가 쓰러진 이유[1]

어느 날 밤, 강한 바람이 분 탓에 두 그루의 나무가 뿌리째 뽑혀 쓰러져 있었다. 그러나 쓰러진 나무 주변에는 다른 어떤 흔적도 보이지 않았다. 우리는 이 현상을 어떻게 설명할 수 있을까?

이 상황을 오컴의 면도날 법칙으로 분석해 보자.

현재 두 그루의 나무가 쓰러져 있으며, 이 현상을 초래했을 가능성이 있는 원인으로는 두 가지가 있다. 바람 때문이거나, 두 개의 운석이 하늘에서 떨어져 나무를 각각 쓰러뜨렸기 때문이다. 이때 두 운석은 서로 충돌하여 흔적도 없이 사라졌다.

이 두 가지 가설(원인) 모두 관측된 현상을 설명할 수 있지만, 두 번째 가설의 경우 더 많은 가정이 필요하다. 먼저 두 개의 운석이 하늘에서 떨어져 각각의 나무를 정확히 맞추는 경우는 매우 드물다. 또한 두 운석이 충돌하여 흔적도 없이 사라졌다는 가정도 필요한데, 이는 더더욱 보기 드문 경우다.

따라서 두 번째 가설도 나무가 쓰러진 현상을 논리적으로 설명하는 것이 가능하나, 실제로 일어나기 힘든 가정이 더 많이 포함되어 있으므로, 고민할 여지 없이 첫 번째 원인을 선택해야 한다. 이것이 바로 오컴

---

1) Singh, Simon(2004). Big Bang: The Origin of the Universe. New York: Harper Collins Publishers. p. 45.

  2 베이즈 정리

의 면도날 법칙을 적용한 결론이다.

예시 2: 의사의 진단

오컴의 면도날은 의학적 진단에서도 자주 활용된다. 오랜 임상 경험을 가진 의사들은 다음과 같은 직감을 갖추고 있다. "여러 질병에서 나타날 수 있는 증상이라면, 일단 희귀 질환이 아닌 흔한 질병부터 의심하라."

예를 들어, 어린아이가 콧물을 흘릴 때 의사는 보통 아이가 감기에 걸렸을 가능성을 먼저 고려하지, 뇌척수액 누출과 같은 희귀 질환을 바로 의심하지는 않는다.

의대에서는 학생들에게 다음과 같은 조언을 자주 한다. "말발굽 소리를 들었을 때 얼룩말이 아닌 말을 떠올려라When you hear hoofbeats, think horses, not zebras."[2] 이 말은 가장 흔하고 가능성이 높은 원인을 먼저 고려하라는 의미다.

예시 3: 천동설과 지동설

고대 사람들은 일찍이 여러 행성의 운동 궤도('성표星表'라고도 부름)를 관측해 왔다. 그리고 행성들의 운동 궤도를 설명할 수 있는 이론을 찾으려고 노력했다.

---

2) Sotos, John G.(1991). Zebra Cards: An Aid to Obscure Diagnoses. Mt. Vernon, VA: Mt. Vernon Book Systems. p. 1.

그중 하나가 바로 프톨레마이오스가 제시한 천동설(또는 지구 중심설)이다. 지구에서 바라본 행성의 운동 궤도는 불규칙했으므로 프톨레마이오스는 40~60개의 큰 원과 작은 원을 겹쳐서 모든 행성의 운동 궤도를 계산했다.

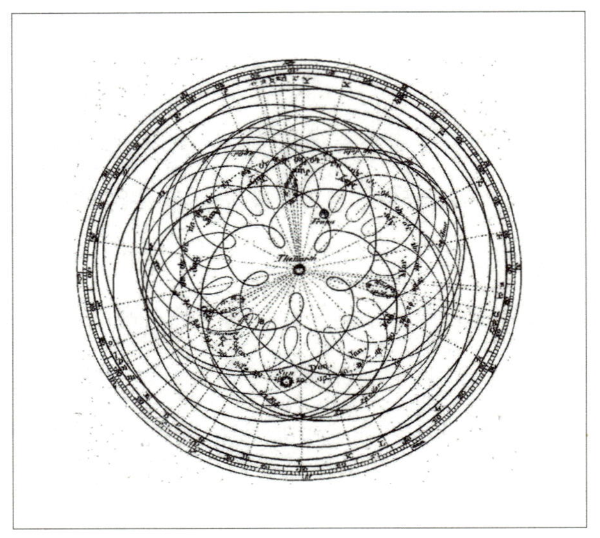

[그림 2.4] 프톨레마이오스가 계산한 행성의 운동 궤도

그 후 폴란드의 천문학자 니콜라스 코페르니쿠스Nicolaus Copernicus는 태양을 중심으로 행성의 움직임을 설명할 경우, 8~10개의 원으로 행성의 운동 궤도를 계산할 수 있다는 것을 발견하고 지동설(또는 태양 중심설)을 제시했다.

여기서 한 가지 흥미로운 사실이 있다. 코페르니쿠스가 프톨레마이오스의 천동설을 반대한 이유가 지동설이 더 정확한 행성의 운동 궤도를 설명할 수 있었기 때문이 아니다. 실제로 코페르니쿠스의 지동설은 천동설보다 오차가 더 컸다. 그럼에도 불구하고 그가 천동설을 반대한 이유는 프톨레마이오스의 이론이 지나치게 복잡했기 때문이다.

우리는 오컴의 면도날로 이 두 이론을 비교해 볼 수 있다. 천동설과 지동설 모두 관측된 행성의 운동 궤도를 논리적으로 설명할 수 있지만, 지동설이 구조적으로 더 단순하다.

같은 현상을 설명할 수 있는 이론이 여러 개 존재하는 상황에서 하나의 이론을 선택하려면 반드시 이 두 가지를 고려해야 한다. 하나는 그 이론으로 관측한 결과를 얼마나 정확하게 설명할 수 있는가(즉, '정확성')이고, 다른 하나는 그 이론이 얼마나 단순하고 효율적인가(즉, '아름다움')이다. 이러한 관점에서 보면, 천동설은 정확할지언정 단순함과 효율성 측면에서는 결코 아름답다고 말할 수 없다.

코페르니쿠스의 지동설을 발전시킨 사람은 독일의 천문학자 요하네스 케플러Johannes Kepler다. 케플러는 그의 스승 튀코 브라헤Tyge Brahe가 축적한 방대한 관측 데이터를 바탕으로, 원형 궤도가 행성의 위치를 완벽하게 예측하지 못한다는 사실을 발견했다. 대신 타원 궤도를 사용하면 행성의 위치를 더 정확하게 예측할 수 있다는 것을 알아냈다. 또한 여러 겹의 큰 원과 작은 원을 사용하지 않고도 하나의 타원만으로 행성의 운동 규칙을 설명할 수 있게 되었다. 다만, 당시 케플러의 지식수준으로는 행성의 궤도가 타원인 이유를 설명하기에 역부족이었다. 이 질문에 대한 답은 후에 뉴턴이 만유인력 법칙을 이용해 완벽한 해답을 제시했다.

지금까지의 내용을 한번 정리해 보자. 현재 우리가 알고 있는 태양계 행성의 운동 궤도는 다음 세 가지 이론으로 설명할 수 있다.

① 프톨레마이오스의 천동설(40~60개의 크고 작은 원을 겹쳐서 행성의 운동 궤도를 설명)

② 코페르니쿠스의 지동설(8~10개의 원으로 행성의 운동 궤도를 설명)

③ 케플러 이론(하나의 타원으로 태양을 중심으로 움직이는 행성의 운동 궤도를 설명)

보다시피 위 세 개의 이론 중 가장 단순하고 정확하게 태양계 행성의 운동 궤도를 설명하는 것은 케플러의 이론이다. 따라서 우리는 당연히 케플러의 이론을 선택해야 한다.

예시 4: 나무 뒤의 상자

이 예시[3]는 오컴의 면도날을 설명할 때 자주 사용된다. [그림 2.5]를 보자. 나무 뒤에는 상자가 한 개일까, 두 개일까? 사람들은 대개 그림을 보자마자 나무 뒤에 있는 상자는 한 개라고 생각할 것이다. 그 이유를 지금부터 분석해 보자.

---

3) MacKay D.J.C. (2000). Information Theory, Inference and Learning Algorithms. Cambridge University Press.

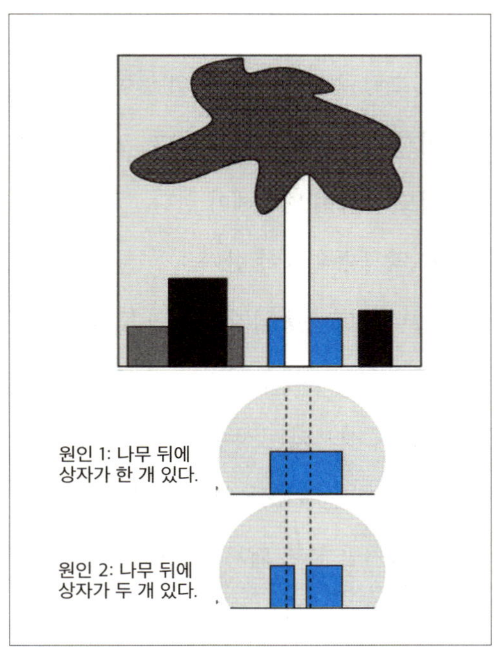

[그림 2.5] 나무 뒤에 있는 상자는 한 개일까, 두 개일까?

먼저 '나무 뒤에 상자가 있다'라는 현상을 설명할 수 있는 가설을 생각해 보자. 우리는 두 가지 가설을 세울 수 있다. 나무 뒤에 상자가 한 개 있거나, 두 개가 있는 경우다.

그럼, 지금부터 왜 첫 번째 가설을 선택해야 하는지 분석해 보자.

우선 [그림 2.5]에서 관측된 현상은 제시된 두 가지 가설로 모두 설명할 수 있다. 그러나 첫 번째 가설이 두 번째 가설보다 훨씬 단순할 뿐만 아니라, 실제로 발생할 가능성도 더 높다. 왜냐하면 두 번째 가설이 성립하려면 여러 조건이 동시에 충족되어야 하기 때문이다. 두 번째 가설이 성립되려면 다음 조건들이 모두 필요하다.

① 두 개의 상자가 그림 속 위치에 정확히 놓여 있어야 한다.

② 두 상자의 높이가 완벽히 일치해야 한다.

③ 두 상자의 너비도 정확히 일치해야 한다.

④ 두 상자의 색깔 역시 동일해야 한다.

이 조건 중 어느 하나라도 충족되지 않으면 [그림 2.5]와 같은 결과는 나타날 수 없다. 쉽게 말해 높이와 너비가 동일하고 색깔까지 같은 두 상자가 정확히 나무 뒤에 배치되는 상황은 매우 드문 경우다.

이에 반해 첫 번째 가설은 필요한 조건이 훨씬 적다. 단순히 상자 하나가 그림 속 위치에 있기만 하면 되기 때문이다. 따라서 오컴의 면도날 법칙에 따라 우리는 첫 번째 가설을 선택해야 한다.

예시 5: 플로지스톤설 phlogiston theory

'물질은 왜 연소하는가'라는 질문에 대해 역사적으로 여러 가지 가설이 제시되었다. 그중 18세기에 널리 유행한 '플로지스톤설'이 있다. 이 학설은 물질이 연소하는 이유는 물질 안에 '플로지스톤'이라는 물질이 포함되어 있기 때문이라고 주장했다. 물질이 연소할 때 플로지스톤이 분리되며, 물질 안에 플로지스톤이 모두 사라지면 연소도 멈춘다고 생각한 것이다.

당시 플로지스톤설로 설명할 수 있는 현상은 다양했다. 예를 들어 연소 과정에서 발생하는 열, 빛, 불꽃은 모두 플로지스톤이 방출되며 일어나는 격렬한 반응으로 여겨졌다. 아울러 유지, 밀랍, 숯 등과 같이 활활 타오르는 물질은 플로지스톤이 풍부하게 함유되어 있기 때문이라고 생각했다. 반면 돌, 나무가 타고 난 재, 금과 같이 플로지스톤이 들어있지 않은 물질은 연소하지 않는 것으로 간주되었다. 또한 나무가 연소한 후 무게가 감소하는 이유는 플로지스톤이 나무에서 빠져나갔기 때문이라고 생각했다.

그러나 플로지스톤으로 설명할 수 없는 현상이 하나 있었다. 일부 금속(마그네슘 등)은 연소 후 무게가 줄어들지 않고 오히려 증가했다.

이를 해결하기 위해 당시 일부 과학자들은 "특정 플로지스톤은 '음의 무게'를 가지고 있다."라고 주장하며 기존 이론을 수정했다. 그들은 음의 무게를 가진 플로지스톤이 함유된 금속은 플로지스톤을 잃으면 오히려 무게가 증가한다고 설명했다.

이 가설은 연소 후 금속의 무게가 증가하는 현상을 설명할 수 있었지만, '음의 무게'라는 가설 자체가 지나치게 비현실적이었기에 플로지스톤설의 신뢰도는 크게 떨어졌다.

시간이 흘러 18세기 말, 프랑스 과학자 앙투안 라부아지에Antoine Lavoisier가 산소를 발견했다. 그리고 라부아지에는 다양한 실험 결과를 분석한 끝에 '산화설'이라는 완전히 새로운 이론을 발표했다. 라부아지에의 산화설은 "물질이 연소하는 과정은 플로지스톤이 방출되는 과정이 아니라 연소 물질이 산소와 결합하는 과정이다."라고 주장했다.

산화설은 플로지스톤설로 설명이 가능한 모든 현상을 설명할 수 있었다. 이뿐만 아니라, 일부 금속이 연소 후 무게가 증가하는 현상도 산화설로 설명이 가능했다. 일부 금속이 연소 후 무게가 증가하는 이유는 금속 원소가 공기 중의 산소를 흡수했기 때문이다.

산화설은 플로지스톤설의 '음의 무게' 가설에 비해 훨씬 간단하고 명료했다. 결국 산화설은 주류 학계로부터 인정을 받으며 화학 발전의 새로운 장을 열었다.

이처럼 너무 많은 가정이 필요한 복잡한 이론보다는 간단하고 명료한 이론이 진실에 가까울 가능성이 높다.

2.2.2 베이즈적 사고로 해석하는 오컴의 면도날

'오컴의 면도날'의 핵심은 '어떤 현상이 여러 가지 원인으로 설명이 가능할 때 가장 단순한 원인을 그 현상의 원인으로 선택해야 한다'는 것이다.

그럼 같은 상황에서 베이즈 정리는 어떻게 선택을 하는지 살펴보자. 앞서 배웠던 베이즈 정리를 떠올려 보자.

$$P(\text{원인 } i \,|\, \text{관측된 현상}) = P(\text{원인 } i) \times \frac{P(\text{관측된 현상} \,|\, \text{원인 } i)}{P(\text{관측된 현상})}$$

'여러 가지 원인으로 설명이 가능한 어떤 현상'이란 말을 베이즈적 관점에서 보면, 그 여러 가지 원인 중 어느 하나만 발생해도 그 현상을 목격할 확률이 매우 크다고 해석된다. 이 말을 베이즈 정리로 표현하면 다음과 같다.

$$P(\text{관측된 현상}|\text{원인 1}) \approx P(\text{관측된 현상}|\text{원인 2}) \approx \cdots \approx 1$$

오컴의 면도날에서 '가장 단순한 원인'이란 말을 확률 개념으로 표현하면, 사전 확률이 가장 큰 원인을 의미한다. 일반적으로 단순한 원인일수록 실제로 관측된 현상을 일으켰을 가능성이 높다. 왜냐하면 단순한 원인은 특수한 가정을 필요로 하지 않기 때문이다. 반면, 여러 가지 가정이 필요하고, 그 가정이 특수할수록 해당 원인이 실제로 사실일 확률은 낮아진다.

따라서 발생 가능성이 있는 모든 원인을 사전 확률의 크기순으로 정렬하면 다음과 같다.

$$P(\text{원인 1}) > P(\text{원인 2}) > \cdots$$

이 경우 베이즈 정리는 반드시 원인 1을 선택할 것이다. 왜냐하면 원인 1이 사전 확률과 우도의 곱이 가장 크기 때문이다. 오컴의 면도날 법칙 역시 같은 선택을 할 것이다. 왜냐하면 목격된 현상을 설명할 수 있는 모든 원인 중 원인 1이 가장 단순하기 때문이다.

"모든 것은 가능한 한 단순하게 만들어야 하지만, 그렇다고 지나치게 단순화해서는 안 된다Everything should be made as simple as possible, but not simpler." 아인슈타인이 했던 이 말을 다시 읽어 보면 이제는 이해가 될 것이다.

'as simple as possible'이란 사전 확률이 가장 큰 원인일수록 실제 발생 가능성이 높다는 의미다. 그리고 'not simpler'란 선택한 그 원인이 관측된 현상을 충분히 설명할 수 있어야 한다는 뜻이다(만약 필요한 가정이나 조건 등을 지나치게 단순화하면 오히려 관측된 현상을 제대로 설명할 수 없게 된다). 아인슈타인이 말한 위 문장을 베이즈식 언어로 표현하면 다음과 같다.

"관측된 현상을 설명할 수 있는 모든 원인 중에서, 사전 확률이 가장 큰 원인을 선택해라."

결론적으로 오컴의 면도날은 베이즈 정리의 특별한 경우라고 볼 수 있다. 오컴의 면도날은 여러 가지 원인이나 가설이 모두 관측된 현상을 똑같이 잘 설명할 수 있다면, 그중 가장 단순한 것을 선택하라는 원칙이다. 반면, 베이즈 정리는 좀 더 일반적인 상황을 다루는데, 어떤 원인이 관측 결과를 얼마나 잘 설명하는지(우도)와 그 원인이 얼마나 복잡한지(사전 확률)를 동시에 고려하여 가장 최적의 원인을 선택하는 방식이다.

2.3

베이즈 정리와 핸런의 면도날

학생: 한 가지 고민이 있어요. 저는 종종 주변 사람들이 제게 악의를 가지고 행동하는 것처럼 느껴져요.

선생님: 오늘은 '핸런의 면도날Hanlon's Razor' 법칙에 대해 알려 줄게. 핸런의 면도날 법칙을 알고 나면, 좀 전에 네가 느낀 그 감정이 틀렸다는 것을 알게 될 거야. 아울러 베이즈 정리를 이용해 핸런의 면도날 법칙의 원리를 분석해 보자.

이번에는 베이즈 정리와 관련된 또 하나의 법칙인 '핸런의 면도날'에 대해 이야기해 보려고 한다. 핸런의 면도날은 논리적이고 객관적인 사고방식으로 타인과 세상을 좀 더 긍정적인 시각으로 바라보는 방법을 제시한다.

2.3.1 핸런의 면도날

많은 이들이 한 번쯤은 다음과 같은 고민을 해 봤을 것이다.

(1) 김 대리는 보고할 일이 있어서 정성껏 메일을 작성해 상사에게 보냈다. 그러나 하루가 지나도록 답장이 오지 않자, 그는 여러 가지 생각에 잠겼다. '혹시 며칠 전 내가 동료들한테 불평했던 걸 들은 걸까? 아니면 새로 들어온 직원 때문에 이제 나에게는 일을 맡기지 않으려는 걸까?'

(2) 수정이는 퇴근 후 집으로 돌아가던 길에 우연히 길 건너편에서 친구를 발견했다. 그녀는 반갑게 손을 흔들었지만, 친구는 그녀를 쳐다보지도 않고 무표정한 얼굴로 지나쳐 갔다. 당황한 수정이는 여러 가지 생각에 빠졌다. '혹시 지난번 식사 자리에 초대하지 않아서 화가 난 걸까? 아니면 생일 때 선물을 주지 않아서 나한테 섭섭해한 걸까?'

(3) 오 과장은 사내에서 작은 프로젝트를 책임지고 있는 담당자다. 이 프로젝트를 성공적으로 완수하기 위해서는 동료인 박 과장의 도움이 필요했다. 이에 오 과장은 박 과장을 찾아가 프로젝트와 관련된 자료 조사를 부탁했고, 박 과장도 이를 받아들였다. 그런데 며칠 뒤 두 사람은 큰 갈등을 빚게 되었다. 박 과장이 제출한 보고서를 살펴보니, 데이터가 부족하고 전체적으로 내용이 부실했던 것이다. 화가 난 오 과장은 격한 목소리로 말했다. "이제 보니 알겠네. 지난번 월급 인상 때 나는 포함되고 너는 빠져서 지금 나한테 앙갚음하려는 거구나? 이번에 날 상사 앞에서 욕 먹이려고 일부러 일을 질질 끄는 거야?"

그렇다면 실제 상황은 어땠을까?

　　　　　　　　　　　　　　　　　　　　　　2 베이즈 정리

(1) 김 대리의 상사는 온종일 회의 때문에 바빠서 그가 보낸 메일을 급히 확인만 한 뒤, 퇴근 후에 답장하려고 했다. 그러나 퇴근할 무렵 갑작스럽게 회식에 참석하게 되어 회신하는 것을 깜박 잊고 말았다.

(2) 수정이의 친구는 근시가 심해서 그녀가 손을 흔드는 것을 전혀 보지 못했다.

(3) 박 과장은 지난 며칠간 정말로 자료 조사를 진행했다. 하지만 그는 자료 조사나 보고서 작성 경험이 전혀 없었으므로 결과적으로 내용이 부실한 보고서를 제출하게 되었다.

위 사례의 주인공들과 같은 고민에 빠지지 않기 위해, 공자는 우리에게 다음과 같은 가르침을 남겼다. '무의毋意' 즉, 멋대로 억측하지 말고 근거 없이 추측하지 말라는 뜻이다. 서양에서도 이와 비슷한 말이 있는데, 그것이 바로 '핸런의 면도날' 법칙이다.

핸런의 면도날은 미국의 로버트 J. 핸런Robert J. Hanlon이 고안한 법칙으로, 다음과 같은 내용을 담고 있다. "어리석음으로 충분히 설명되는 일을 악의로 받아들이지 마라Never attribute to malice that which is adequately explained by stupidity."

여기서 '어리석음'이란 무지, 우연, 의도하지 않은 원인을 말한다. 예를 들어 깜빡 잊어버려서, 실수해서, 빠뜨려서, 피곤해서, 오해가 생겨서, 일이 지연돼서, 상황을 정확히 몰라서 혹은 단순히 게을러서 등의 이유가 이에 해당한다. 반면 고의적인 행동이나 의도적인 계획이나 음모는 '악의'에 해당한다.

핸런의 면도날 법칙은 우리가 어떤 현상을 목격했을 때 이를 '악의적인 시각'으로 쉽게 단정하지 말고 '중립적인 시각'이나 '선의의 시각'으로 바라봐야 한다는 가르침을 전한다.

2.3.2 베이즈적 사고로 해석하는 핸런의 면도날

우리는 베이즈 정리를 이용해 핸런의 면도날이 왜 옳은지 설명할 수 있다.

어떤 행동을 보았을 때 그 이면에는 두 가지 원인이 존재할 수 있다. 그중 하나는 '어리석음'이고 다른 하나는 '악의'다. 이 현상을 초래한 두 원인 중 가장 가능성이 큰 원인이 무엇인지 알려면, 두 원인의 사후 확률을 비교해 봐야 한다.

$$P(\text{어리석음} \mid \text{행동}) \text{ vs. } P(\text{악의} \mid \text{행동})$$

베이즈 정리를 배운 우리는 사후 확률의 크기가 사전 확률과 우도의 곱에 따라 결정된다는 것을 알고 있다.

$$P(\text{어리석음}) \times P(\text{행동} \mid \text{어리석음}) \text{ vs. } P(\text{악의}) \times P(\text{행동} \mid \text{악의})$$

'악의'와 '어리석음' 모두 관찰된 행동을 설명할 수 있는 원인이 될 수

있다. 이는 곧 두 원인의 우도(그 행동을 초래할 가능성)가 모두 높다는 것을 의미한다. 즉,

$$P(\text{행동} \mid \text{어리석음}) = P(\text{행동} \mid \text{악의}) \approx 1$$

따라서 사후 확률의 최종 크기는 사전 확률의 크기에 따라 결정된다. 즉,

$$P(\text{어리석음}) \text{ vs. } P(\text{악의})$$

실제로도 '어리석은 행동'은 자주 발생하는 반면, '악의적인 행동'은 흔히 발생하지 않는 드문 경우에 해당한다. 독일의 대문호 괴테도 자신의 작품『젊은 베르테르의 슬픔』에서 이렇게 말한 바 있다.

"어쩌면 이 세상에는 악의와 기만보다 오해와 게으름으로 초래된 잘못이 더 많을지도 모른다. 전자의 경우가 적다는 건 다행인 일이다."

따라서 우리는 다음과 같은 결론을 도출할 수 있다.

$$P(\text{어리석음} \mid \text{행동}) \gg P(\text{악의} \mid \text{행동})$$

이 결론이 바로 핸런의 면도날 법칙이 담고 있는 핵심 메시지다. "어리석음으로 충분히 설명되는 일을 악의로 받아들이지 마라."

이 법칙은 과학적 사고의 본질을 잘 담고 있다. 이 법칙을 마음에 새기다면 불필요한 분노와 스트레스를 크게 줄일 수 있을 뿐 아니라, 타인과 세상을 대하는 태도가 훨씬 더 긍정적으로 변하게 될 것이다. 이처럼 핸런의 면도날은 타인의 행동을 보다 정확하게 이해하도록 돕고 부정적인 감정에 휩싸이지 않게 함으로써, 인간관계를 원만하게 만들고 더 성숙한 대처를 이끌어 낸다.

사이언스 커뮤니케이터 만웨이강萬維鋼은 그의 저서 『엘리트의 일과精英日課』에서 핸런의 면도날과 관련해 다음과 같은 메시지를 전했다.

- 어리석어서 벌어졌다고 해석할 수 있는 일이라면, 그것을 악의가 있기 때문이라고 생각지 마라.

- 무지해서 벌어졌다고 해석할 수 있는 일이라면, 그것을 어리석음 때문이라고 생각지 마라.

- 사소한 실수 때문에 벌어졌다고 해석할 수 있는 일이라면, 그것을 무지하기 때문이라고 생각지 마라.

- 당신도 모르는 다른 이유 때문이라 해석할 수 있는 일이라면, 그것을 사소한 실수 때문이라고 생각지 마라.

- 복잡한 시스템 안에서 여러 사람이 상호작용을 한 결과 때문이라 해석할 수 있는 일이라면, 그것을 악의가 있어서 혹은 어리석기 때문이라고 생각지 마라.

• 감정에 의한 즉흥적인 상태 때문이라고 해석할 수 있는 일이라면, 그것을 계산된 전략 때문이라고 생각지 마라.

위 문장들을 베이즈적 관점으로 해석해 보면 더 명확하게 이해할 수 있다. 각 문장의 전반부에서 제시된 원인의 사전 확률이 후반부에서 제시된 원인의 사전 확률보다 크다는 것을 알 수 있다. 즉, 어떤 사건을 해석할 때 흔하고 간단한 원인(무지, 사소한 실수 등)이 후반부 원인(악의, 계산된 전략 등)보다 더 높은 사전 확률을 가지므로 이를 우선적으로 고려하는 것이 더 타당하다는 이야기를 하려는 것이다.

가능성이 있는 원인을 빠뜨리지 마라

베이즈 정리를 활용해 추론하려면 한 가지 전제 조건이 필요하다. 바로 관측된 현상의 원인이 될 수 있는 모든 가능성을 빠짐없이 열거하는 것이다. 그러나 많은 사람이 흔히 저지르는 실수 중 하나는 이러한 가능성 중 일부를 빠뜨린다는 것이다.

이전 챕터에서 소개한 〈지자의린〉 이야기 속 부자를 떠올려 보자. 그는 처음부터 끝까지 '이웃집 노인이 내 재물을 훔쳤다'라는 단 하나의 가능성만을 믿었고, 그 외의 다른 가능성에 대해서는 전혀 고려하지 않았다.

그렇다면 이와 비슷한 사례를 몇 가지 더 살펴보자.

2.4.1 여섯 개의 나폴레옹 석고상

『셜록 홈스의 사건집The Case-Book of Sherlock Holmes』에 나오는 〈여섯 개의 나폴레옹 석고상〉 이야기다.

런던 경시청 소속 형사 반장이자 홈스의 오랜 친구인 레스트레이드는 홈스와 왓슨 박사를 찾아와 한 가지 기묘한 사건에 대해 이야기했다. 며칠 전, 켄싱턴 거리에 있는 한 조각상 가게에서 사건이 발생했다. 신고 내용에 따르면, 어떤 이가 갑자기 가게에 난입해 나폴레옹 석고 반신상을 산산조각 내고 도망쳤다. 그러나 석고상은 기껏해야 가격이 몇 실링밖에 하지 않는 물건이라 신고는 접수되었으나 별다른 수사가 이뤄지지 않았다.

그로부터 이틀 후 또다시 기묘한 사건이 발생했다. 사건의 신고자는 지난번 사건이 발생했던 그 가게에서 멀지 않은 곳에 사는 의사였다. 그는 경찰에게 자신의 집에 있던 나폴레옹 석고상을 도난당했고, 집 밖 정원 바닥에 산산조각 난 채 발견되었다고 말했다. 그런데 석고상을 제외한 집안의 다른 물건들은 전부 멀쩡했다.

레스트레이드 경감은 이 괴이한 행동을 이렇게 해석했다. "제 생각에 이건 정신병이에요. 아주 이상한 정신병이요. 누군가 아직도 나폴레옹에 대해 깊은 증오를 느껴 그의 석고상을 보자마자 부수는 거죠."

그러자 홈스가 경감에게 한 가지 질문을 던졌다. "산산조각 났다는 그 조각상들 전부 똑같은 모양입니까?"

레스트레이드가 대답했다. "네, 전부 같은 틀로 만든 석고상이었어요."

그러자 홈스는 곧바로 '나폴레옹에 대한 증오 때문'이라는 이유를 반박했다.

"이 사람은 단순히 나폴레옹을 증오해서 석고상을 부순 게 아니에요. 런던 시내에 있는 나폴레옹 석고상은 수천 개가 넘어요. 나폴레옹에 대한 숭배를 반대하려고 벌인 짓이라면, 굳이 석고상 몇 개만 부수지는 않았겠죠."

홈스는 특유의 예리함으로 또 다른 원인을 떠올렸다. "어쩌면 이 사람은 석고상 안에서 무언가를 찾으려 한 것일 수도 있어요."

그리고 이후 진행된 조사에서 홈스의 판단이 옳았음이 입증되었다. 홈스는 조사를 통해 어떤 한 남자가 과거 나폴레옹 석고상을 제작했으나 이후에 감옥에 가게 되었고, 출소 후 나폴레옹 석고상을 찾아다니며 부쉈다는 사실을 알아냈다. 또한 이어지는 조사 과정에서 그가 부순 석고상들이 같은 시기에 제작된 것임이 밝혀졌다. 홈스는 이를 단서로 석고상의 제작 시기와 비슷한 시점에 일어났던 진주 도난 사건을 떠올렸다. 또한 부서진 모든 석고상이 산산조각 났다는 점을 토대로 여섯 개의 나폴레옹 석고상 중 하나에 진주가 숨겨져 있을 가능성을 제기했다. 홈스는 마지막으로 남은 석고상의 소유주 집에서 용의자가 나타나기를 기다렸다. 결국 용의자는 체포되었고, 석고상 안에 숨겨진 진주도 무사히 찾아냈다.

레스트레이드 경감은 사건의 원인을 추론하면서 단 하나의 원인만을 떠올렸다. 그가 떠올린 원인은 '이 사람은 나폴레옹을 증오한다'라는 것이었다. 대부분 사람이 나폴레옹 석고상이 부서졌다는 이야기를 들었을 때 제일 먼저 그와 같은 반응을 보였다. 그러나 홈스는 레스트레이드 경감이 말한 원인 이외의 또 다른 가능성을 예리하게 포착했다. 즉, 누군가가 석고상 안에서 무언가를 찾으려 했을 가능성을 제기한 것이다. 결과적으로 홈스는 이 가능성을 바탕으로 조사에 착수했고, 결국 사건을 성공적으로 해결할 수 있었다.

2.4.2 연인의 일기

다음은 인터넷상에 올라온 한 여성의 이야기다. 연인이 있는 그녀 역시 한 가지 가능성 외에 다른 가능성은 고려하지 않은 실수를 범했다. 다음은 그녀의 일기장 내용이다.

오늘 저녁, 남자 친구가 정말 이상했다.

원래는 남자 친구와 레스토랑에서 저녁을 먹기로 약속했는데, 낮에 친구와 쇼핑하느라 약속 시간보다 조금 늦게 도착했다. 남자 친구는 그 일 때문인지 화가 난 듯 계속 내 말에 대꾸도 하지 않았고, 분위기는 정말 최악이었다. 나는 먼저 사과하며 "우리 둘 다 조금씩 양보하면서 잘 지내보자."라고 말했고, 남자 친구도 알겠다고 답했다. 그러나 그는 여전히 아무 말도 하지 않았고, 의욕 없는 표정으로 마치 마음은 딴 곳에 가 있는 것처럼 보였다.

나는 그에게 "대체 왜 그러는 거야? 나 때문에 화난 거야?"라고 물었다.

그러자 그는 나 때문이 아니니 신경 쓰지 말라고 말했다. 집으로 돌아가는 길,

나는 남자 친구에게 "사랑해."라고 말했지만, 그는 계속 운전만 할 뿐 아무 대답도 하지 않았다. 도무지 이해가 안 된다. 이제는 "나도 사랑해."라는 말도 안 하는 이유가 뭘까?

이제 확실히 알겠다. 그한테 분명 다른 여자가 생긴 게 틀림없다. 정말이지, 하늘이 무너져 내리는 느낌이다. 이제는 살아갈 이유조차 모르겠다.

한편 다음은 남자 친구의 일기장 내용이다.

오늘 이탈리아가 경기에서 졌다….

2.4.3 곡식 대신 고기, 빵 대신 케이크

"곡식이 없으면 고기를 먹으면 되지 않느냐?何不食肉糜" 이 말은 중국 역사 속 유명한 일화에 등장하는 표현이다. 진나라 혜제晋惠帝 시절, 어느 해 극심한 기근으로 인해 백성들이 먹을 곡식이 없어 풀뿌리와 나무 껍질로 연명해야 했다. 당시 수많은 백성이 굶어 죽어 나갔고, 이 소식이 곧바로 황궁에 전해졌다. 혜제는 신하들의 보고를 듣고서 이해할 수 없다는 듯 말했다. "먹을 곡식이 없으면 고기를 먹으면 되지 않느냐?"

프랑스 소설가 장 자크 루소Jean Jacques Rousseau의 『참회록』에도 이와 비슷한 이야기가 등장한다. 한 고귀한 공주가 했던 어리석은 말이 떠오른다. 누군가가 그녀한테 농민들이 먹을 빵이 없다고 말하자, 그녀는 이렇게 답했다. "빵이 없으면 케이크를 먹으라고 하세요!"

몇 년이 지났지만, 여전히 내 기억에서 잊히지 않는 일이 있다. 어느 해 여름, 나는 택시를 잡아 조수석 자리에 앉았다. 당시 날씨가 몹시 더웠는데, 기사님은 차창만 열어둘 뿐 에어컨을 켜지 않았다. 그때 나는 기사님이 두꺼운 긴팔 옷에 모자까지 쓰고 있는 모습을 보고 무심코 물었다. "기사님, 이렇게 더운 날에 그렇게 입고 계시면 안 더우세요?"

기사님은 웃으며 대답했다. "햇볕이 너무 세서요. 이런 날에는 피부가 벗겨질 정도로 탈 수 있거든요." 이에 나는 별생각 없이 대꾸했다. "그럼 선크림을 바르면 되잖아요."

기사님은 잠시 헛기침을 하더니, 약간 민망한 듯한 말투로 말했다. "선크림은 비싸잖아요." 그 순간 나는 아무 말도 하지 못했다. 그리고 불현듯 나 자신이 '곡식이 없으면 고기를 먹으면 되지 않느냐?'라고 말했던 진나라 혜제와 다를 바 없다는 생각이 들어 너무나 부끄럽고 창피했다.

가능성이 있는 원인을 놓치지 않으려면 열린 사고가 꼭 필요하다. 알다시피, 과학을 탐구할 때는 '대담하게 가설을 세우고, 신중하게 검증하는 태도'가 필요하다. 여기서 '대담하게 가설을 세운다'라는 말은 가능성이 존재하는 모든 원인을 고려해야 한다는 뜻이다.

그러나 사람들은 자신의 경험, 직업, 배경지식 등의 한계로 인해 자신이 경험하지 못한 영역에서 비롯된 원인은 간과하는 경우가 많다. 하지만 진짜 원인이 우리가 고려한 선택지에 없을 경우, 이어지는 추론은 반드시 잘못된 결과에 이르게 될 것이다.

이번 챕터를 마무리하기 전에 개인적으로 인상 깊었던 일화를 하나 더 이 야기하려고 한다. 이 일화는 우리가 진실을 모르는 어떤 상황과 마주했을 때, 너무 쉽게 판단하거나 단정하지 말고 더 많은 선의로 세상을 바라보 는 태도가 필요하다는 교훈을 전한다. 왜냐하면 세상의 진짜 모습은 악의 가 아닌 경우가 더 많기 때문이다.

어느 날 지하철을 탔는데, 지하철 안은 한산하고 조용했다. 누군가는 책 을 읽고 있었고, 또 누군가는 조용히 쉬고 있었다. 그러다 한 중년 남자가 세 명의 아이와 함께 열차에 올라탔다. 아이들은 열차에 타자마자 소리를 지르며 이리저리 뛰어다녔다. 심지어 다른 승객이 들고 있던 책을 빼앗기 도 했다. 승객들은 하나둘씩 불쾌한 시선으로 그들을 바라봤지만, 아이들 의 아버지는 조용히 앉아 멍하니 생각에 잠겨있을 뿐, 아이들의 행동을 전혀 제지하지 않았다. 나는 더는 두고 볼 수가 없어 그 남자에게 다가가 말했다. "저기요, 아이들 행동을 좀 제지하셔야 하지 않을까요?"

남자는 갑자기 정신이 번쩍 든 듯하더니 잠시 멈칫하다 이내 조용히 대답 했다. "죄송합니다. 맞는 말씀입니다. 제가 뭔가를 해야겠죠. 한 시간 전에 아이들 엄마가 병원에서 세상을 떠났습니다. 아이들이 아직 그 사실을 받 아들이지 못한 것 같아요. 그래서 어떻게 해야 할지 몰라 저러는 것 같아 요. 그런데 저 역시도 어떻게 받아들여야 할지 모르겠어요."

Chapter 3

베이즈 정리의 구성 요소 ①: 사전 확률

3.1

옌스 레만에게 건넨 쪽지:
사전 확률의 중요성

> **학생**: 사전 확률과 우도 중 무엇이 더 중요한가요?
>
> **선생님**: 대부분의 경우 사전 확률이 더 중요하단다. 심지어 어떤 경우에는 우도를 아예 무시해도 된단다. 지금부터 몇 가지 예를 들어 설명해 줄게.

지금까지 배운 내용에 따르면, 베이즈 정리 공식은 다음과 같다.

$$사후 \ 확률 \ = \ 사전 \ 확률 \ \times \ 정규화된 \ 우도$$

사후 확률의 크기를 결정짓는 두 가지 중요한 요소는 사전 확률과 우도다. 그럼, 먼저 사전 확률의 중요성에 대해 알아보자.

앞서 2.1.6에 나왔던 몇 가지 사례를 통해 사전 확률이 얼마나 중요한지 이미 느꼈을 것이다. 사전 확률은 새로운 증거를 얻기 전에 기존의 정보나 경험을 바탕으로 특정 원인이 실제로 맞을 가능성을 판단한 초기 추정치다. 대부분의 상황에서 사전 확률은 우도보다 훨씬 중요한 역할을 하며, 경우에 따라서는 우도를 전혀 고려하지 않아도 큰 문제가 되지 않는다.

$$\text{사후 확률} = \text{사전 확률} \times \text{정규화된 우도}$$

3.1.1 날아오는 공을 막는 방법

골키퍼는 날아오는 공을 어떻게 막을까? 이는 전형적인 정보 추론 과정이다. 골키퍼는 상대 선수의 슈팅 동작을 관찰하고 슈팅 방향을 예측한 뒤, 정확한 방향으로 몸을 던져 공을 막는다.

즉, 여러 가능성이 있는 슈팅 방향 중에서 각 방향의 사후 확률, 즉 $P(\text{슈팅 방향 } i \mid \text{슈팅 동작})$을 계산한 뒤, 사후 확률이 가장 높은 방향으로 몸을 던지는 것이다.

이해를 돕기 위해, 슈팅 방향을 A와 B로 가정해 보자. 베이즈 정리에 따르면, A와 B의 사후 확률의 상대적 크기는 각 방향의 사전 확률과 우도의 곱에 의해 결정된다.

$$\begin{cases} \text{슈팅 방향 } A: P(\text{슈팅 방향 } A) \times P(\text{슈팅 동작} \mid \text{슈팅 방향 } A) \\ \text{슈팅 방향 } B: P(\text{슈팅 방향 } B) \times P(\text{슈팅 동작} \mid \text{슈팅 방향 } B) \end{cases} \quad (3\text{-}1)$$

그렇다면 현실로 돌아와 보자. 공을 막는 실력이 부족한 골키퍼는 어떻게 행동할까?

학창 시절, 아주 잠깐 골키퍼로 활동한 적이 있다. 그때 내가 쓴 방법은 간단했다. 슈팅 선수의 동작을 관찰한 뒤 그 동작이 가리키는 방향으로 몸을 던지는 것이었다.

'상대 선수가 공을 차는 방향을 따라 내 몸을 던진다'라는 생각은 사실 '상대 선수가 공을 차는 순간의 동작을 가장 잘 설명할 수 있는 방향'을 찾는 접근 방식이다. 예를 들어, 내가 어떤 슈팅 동작을 보고, '이 자세라면 공을 오른쪽 위 코너로 차려는 것 같다'라고 가정했다고 하자. 이 경우, 현재의 슈팅 동작이 가장 잘 설명되는 방향이 오른쪽 위 코너라고 판단하게 된다. 따라서 공이 '오른쪽 위 코너'로 날아갈 확률이 가장 높다고 판단한 나는 그 방향으로 몸을 던지게 되는 것이다.

이 과정은 바로 앞에서 배운 최대 우도법을 이용한 추론 방식이다. 그러나 최대 우도법을 이용해 슈팅 방향을 판단하는 데에는 두 가지 큰 문제점이 있다.

첫째, 날아오는 공의 속도가 매우 빠르므로 골키퍼가 상대 공격수의 동작을 정확히 관찰하고 이에 반응하려 하면 이미 늦어버리는 경우가 많다.

둘째, 슈팅 선수들은 페이크 동작을 자주 사용한다. 특히 실력이 뛰어난 축구 선수일수록 더욱 그렇다. 가령 공을 오른쪽 아래로 찰 것처럼 움직이다 공을 차는 순간 발의 힘이 전달되는 위치를 바꿔 공을 왼쪽 위 방향으로 날아가도록 만든다.

이처럼 '페이크 동작'이 많다는 것은 쉽게 말해 '같은 슈팅 동작이 다른 슈팅 방향을 의도할 수 있다'는 의미다. 즉, 슈팅 방향 A와 슈팅 방향 B가 있을 때 페이크 동작이 많다는 것을 수학적으로 표현하면 다음과 같다.

$$P(\text{슈팅 동작} \mid \text{슈팅 방향 } A) \approx P(\text{슈팅 동작} \mid \text{슈팅 방향 } B) \qquad (3\text{-}2)$$

만약 식 (3-2)를 (3-1)에 대입할 경우 곧바로 알 수 있는 사실이 있다. 모든 원인의 우도가 동일할 경우, 그것들의 사후 확률 크기를 결정짓는 요소는 사전 확률뿐이다.

사전 확률 $P(\text{슈팅 방향 } A)$와 $P(\text{슈팅 방향 } B)$는 골키퍼가 상대의 슈팅 동작을 관측하기 전에 상대 선수가 A 방향과 B 방향으로 각각 슈팅할 확률을 나타낸 것이다. 즉, 상대 선수가 평소 어느 방향으로 슈팅하는 것을 선호하느냐에 따라, 그 슈팅 방향의 사전 확률이 가장 높아진다.

따라서 베이즈 정리를 이해했다면 골키퍼는 상대 선수의 슈팅 동작에 너무 신경 쓸 필요 없다. 사전 확률이 가장 큰 방향으로 몸을 던지면 된다!

실제 경기에서도 많은 골키퍼가, 특히 경쟁이 치열한 경기에 참여하는 골키퍼들은 이 방법을 사용한다. 그들은 상대 선수의 슈팅 동작을 분석하려 하기보다는, 곧바로 한 방향에 베팅하듯 몸을 던진다. 이때 골키퍼가 선택하는 방향은 '사전 확률이 가장 높은 슈팅 방향'이며, 상대 선수가 과거에 슈팅할 때 가장 선호했던 방향을 따르는 것이다.

3.1.2 의문의 쪽지와 마르티네스의 조언

2006년 독일 월드컵 8강전에서 독일과 아르헨티나가 맞붙은 경기에서 있었던 일이다. 양 팀 모두 120분간 경기에서 득점을 내지 못했고, 경기는 승부차기로 이어졌다. 그런데 승부차기 직전, 독일 대표팀의 코치가 골키퍼 옌스 레만Jens Lehmann에게 쪽지 하나를 전달했다([그림 3.1] 참조). 레만은 상대 팀의 승부차기를 막기 전마다 그 쪽지를 꺼내 읽었다.

결과적으로 레만은 단 두 번의 슈팅을 제외한 모든 슈팅 방향을 정확하게 예측했다. 방어에 성공한 레만은 독일 팀을 승리로 이끌었다.

그렇다면 그 쪽지에는 무엇이 적혀 있었을까? 놀랍게도 쪽지에는 아르헨티나 선수들의 슈팅 습관과 특징이 쓰여 있었다.

내막을 좀 더 자세히 얘기하자면, 독일 팀은 자국에서 치르는 홈경기라는 이점을 활용해 아르헨티나 선수팀 훈련장에 카메라를 설치했다. 그다음 수집한 슈팅 데이터를 컴퓨터로 분석해 선수별 슈팅 특징을 정리했던 것이다. 레만이 받은 쪽지에는 다음과 같은 내용이 적혀 있었다.

- 크루즈: 오른쪽 위 코너

- 아얄라: 왼쪽 아래 코너

- 로드리게스: 강하게 오른쪽으로

- 캄비아소: 짧은 거리에서 왼쪽 위 코너로 강하게

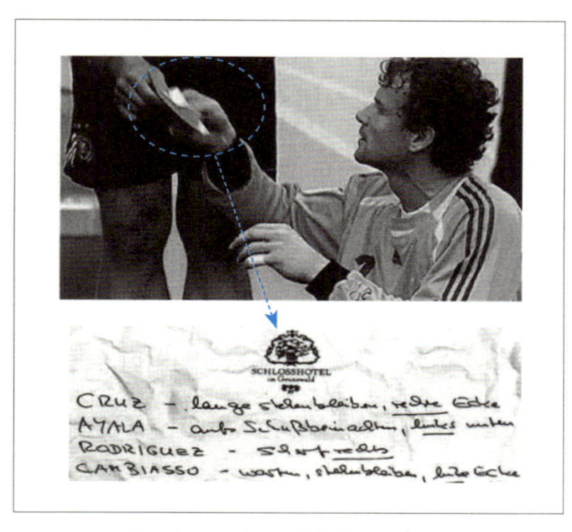

[그림 3.1] 옌스 레만이 받은 쪽지

이 슈팅 특징들은 레만이 현장에서 선수들의 슈팅 동작을 보기 전, 그들 개개인이 특정 방향으로 슈팅할 가능성이 얼마나 높은지를 나타내는 사전 확률이다.

레만은 경기 중 선수들의 슈팅 동작(우도)을 거의 참고하지 않고, 사전에 정리된 상대편의 슈팅 정보(사전 확률)를 기반으로 대부분의 슈팅을 정확히 막아냈다. 이는 베이즈 정리의 사전 확률을 가장 잘 활용한 사례라 할 수 있다.

비슷한 맥락에서 사전 확률은 축구 선수들이 슈팅 방향을 결정할 때도 도움이 된다. 물론 많지는 않지만 페널티 킥을 찰 때 골키퍼의 동작에 따라 즉각적으로 방향을 바꾸는 경우도 있다. 하지만 대부분의 경우 페널티 킥을 찰 때 사전에 정해 둔 방향으로 슈팅한다.

예를 들어 2022년 월드컵 결승전에서 있었던 페널티 킥 사례를 살펴보자. 아르헨티나 골키퍼 마르티네스가 프랑스 축구 선수 킹슬레 코망의 프리킥을 완벽하게 방어한 뒤, 아르헨티나의 다음 키커 디발라는 중앙으로 침착하게 공을 차 득점에 성공했다. 결국 아르헨티나가 프랑스를 이기고 월드컵 우승을 차지했다.

그런데 통계 데이터를 보면 축구 선수는 페널티 킥을 찰 때 중앙 쪽은 슈팅 방향으로 잘 선택하지 않는다. 그렇다면 디발라는 왜 중앙을 선택했을까?

디발라는 경기가 끝난 후 인터뷰를 통해 그 이유를 밝혔다. "원래는 중앙으로 차려고 하지 않았어요. 하지만 마르티네스 선수가 중앙으로 공을 차라는 조언을 했고, 저는 그 조언을 받아들였어요."

그럼 마르티네스는 왜 디발라에게 공을 중앙으로 차라고 조언했을까? 그는 한 인터뷰에서 당시 상황을 회상하며 이렇게 말했다. "저는 선수들에게 이렇게 말해요. 만약 우리 팀이 상대 선수의 페널티 킥을 한 번 막아냈다면, 다음 페널티 킥을 차는 선수는 반드시 공을 중앙으로 차라고 말해줍니다. 왜냐고요? 이건 제가 수년간 심리학을 공부하며 훈련해 온 경험에서 비롯된 것입니다. 만약 우리 팀이 상대 팀의 페널티 킥을 한 번 막아내면, 상대편 골키퍼는 엄청난 압박을 받게 됩니다. 이런 상황에서 상대편 골키퍼는 반드시 몸을 움직여 공을 막으려 할 것입니다. 월드컵 결승전과 같은 중요한 경기에서 골대 중앙에 가만히 서 있을 멍청한 골키퍼는 없으니까요."

마르티네스는 심리학 지식을 바탕으로 '만약 우리 팀이 상대편의 페널티 킥을 한 번 막아 내면, 상대편 골키퍼는 양쪽으로 몸을 던질 가능성이 높다'라는 결론을 내린 것이다. 이 역시 사전 확률에 근거한 판단이라고 말할 수 있다.

3.1.3 똑같이 떠들었는데, 왜 누구는 혼나고 누구는 혼나지 않는 걸까?

여러분도 어릴 적에 이런 경험을 한 적이 있을 것이다. 어느 날 같은 반 학생들이 자율 학습을 하고 있는데, 담임 선생님이 교실을 순찰하다가 두 명의 학생이 자기 짝과 떠드는 것을 발견했다. 한 명은 반에서 성적이 우수한 민수고, 다른 한 명은 성적이 최하위인 현우였다. 선생님은 앞줄에 앉아 있는 민수를 지나쳐 곧장 현우에게 다가가 크게 꾸짖었다.

현우는 억울해하며 말했다. "민수도 떠들고 있었는데 왜 저한테만 뭐라고 하시나요? 왜 민수만 편애하시나요?"

자, 섣불리 단정하지 말고, 베이즈 정리를 이용해 선생님의 사고 과정을 분석해 보자. 그럼 선생님이 왜 그렇게 생각했는지 이해할 수 있을 것이다.

어떤 학생이 떠드는 모습을 발견했을 때, 선생님이 추정할 수 있는 원인은 크게 두 가지다. 잡담 혹은 문제 토론이다.

여기서 선생님이 알고 싶은 것은 두 학생이 말하고 있는 상황에서 실제 원인이 무엇일 가능성이 더 높은지다. 즉, 두 원인의 사후 확률을 비교하는 문제인 것이다.

베이즈 정리에 따르면, 이 두 원인의 사후 확률 크기는 각각의 사전 확률과 우도의 곱에 의해 결정된다.

$$
\begin{cases}
\text{잡담: } P(\text{잡담}) \times P(\text{떠드는 모습} \mid \text{잡담}) \\
\text{문제 토론: } P(\text{문제 토론}) \times P(\text{떠드는 모습} \mid \text{문제 토론})
\end{cases} \quad (3\text{-}3)
$$

우선 위의 식에서 우도 $P(\text{떠드는 모습} \mid \text{잡담})$과 $P(\text{떠드는 모습} \mid \text{문제 토론})$을 살펴보자. 일반적으로 '잡담'과 '문제 토론' 모두 '말하고 있는 행동'의 이유가 될 수 있다.

$$
P(\text{떠드는 모습} \mid \text{잡담}) = P(\text{떠드는 모습} \mid \text{문제 토론}) \approx 1
$$

따라서 식 (3-3)에서 두 원인의 사후 확률 크기는 각 원인의 사전 확

     3 베이즈 정리의 구성 요소 ①: 사전 확률

률 크기로만 결정이 된다.

$$P(\text{잡담}) \text{ vs. } P(\text{문제 토론})$$

모범생인 민수를 떠올려 보면, 선생님은 그가 '잡담'을 하고 있을 확률보다 '문제 토론'을 하고 있을 확률이 훨씬 더 크다고 생각할 것이다. 이는 선생님이 과거 경험을 바탕으로 내린 판단으로, 민수가 '떠드는 모습'을 보기 이전에 이미 형성된 결론이다. 반면 현우의 경우는 다르다. 현우는 과거 수업 중에 떠들다 여러 번 선생님께 꾸중을 들은 적이 있으므로 선생님은 현우가 '잡담'을 하고 있을 확률이 매우 높다고 판단할 것이다.

결국 선생님은 다음과 같은 결론에 도달하게 된다. '두 사람 모두 떠들고 있지만, 민수는 문제를 토론하고 있었을 가능성이 높고, 현우는 잡담 중이었을 가능성이 높다.'

이 사례 역시 사전 확률을 효과적으로 활용한 예시다. 여기서 '문제 토론'과 '잡담'이라는 두 가지 원인 모두 '떠드는 행동'의 이유로써 충분히 설득력을 가지고 있다. 따라서 이 경우 사후 확률의 크기는 사전 확률의 크기에 따라 결정된다는 것을 잘 보여 준다.

본질을 이해하려면 큰 그림을 보라: 베이즈 정리와 외부 관점

> **학생**: 실제 상황과 우리가 사전에 세운 계획이 늘 크게 차이 나는 이유가 뭘까요?
>
> **선생님**: 이유는 크게 두 가지야. 첫 번째는 사람들은 대개 외부 관점에서 문제를 바라보지 않기 때문이야. 두 번째는 사람들은 자신이 다른 사람들과 다르다고 생각하는 경향이 있기 때문이야. 오늘은 베이즈 정리를 이용해 이 현상을 설명해 줄게.

한 가지 재밌는 사실이 있다. 베이즈 정리의 사전 확률은 수학이 아닌 다른 분야의 전문 용어나 모델을 명확히 설명하는 데도 활용된다. 알다시피, 베이즈 정리의 사후 확률을 구하는 식은 다음과 같다.

$$\text{사후 확률} = \text{사전 확률} \times \text{정규화된 우도}$$

즉, 사후 확률은 사전 확률을 기반으로 우도를 이용해 조정한 값이다.

그러나 대체로 이 조정 폭은 그리 크지 않다(즉, 정규화된 우도≈1). 그렇기 때문에 사전 확률이 사후 확률에 결정적인 역할을 하는 것이다. 지금부터는 이 원리를 가지고 우리가 흔히 접하는 몇 가지 개념을 설명해 보겠다.

3.2.1 내부 관점과 외부 관점

2002년 노벨 경제학상을 수상한 대니얼 카너먼Daniel Kahneman은 그의 저서 『생각에 관한 생각Thinking, Fast and Slow』에서 한 가지 예시를 들며 '외부 관점'이라는 개념을 제시했다.

카너먼은 이스라엘에 머무르던 당시, 판단과 의사 결정을 주제로 한 강의를 개설하기 위해 팀을 구성했다. 이들은 상세한 강의 계획을 세우고 교재 전반부의 일부를 작성해 둔 상태였다. 그러던 중 카너먼은 완성된 교재를 교육부에 제출하는 데 얼마나 걸릴지 궁금했다. 그는 회의에서 팀원들에게 각자가 생각하는 예상 기간을 물었다. 대부분의 팀원은 약 2년 남짓 걸릴 것이라고 예상했다. 그밖에는 최소 1년 반, 최대 2년 반이 걸릴 것이라고 예상했다.

그때 카너먼은 문득 새로운 아이디어가 떠올랐다. 그는 당시 강좌 개발 전문가였던 히브리대학교 교육학부 학장인 세이모어 폭스Seymour Fox에게 물었다. "저희처럼 예전에 교재 초안을 작성해 본 팀을 알고 계시나요? 그렇다면 그 팀들은 교재를 완성하는 데 얼마나 걸렸나요?"

폭스는 잠시 고민하더니 대답했다. "사실 당시 우리와 진행 상황이 비숫했던 팀들이 모두 과제를 완수했던 건 아니에요. 약 40%의 팀들은 결국 계획을 완수하는 데 실패했어요."

이에 카너먼은 한 번 더 물었다. "그럼 성공한 팀들은 교재를 완성하는 데 얼마나 걸렸나요?" 폭스가 대답했다. "7년 안에 끝낸 팀은 하나도 없었어요. 가장 오래 걸린 팀은 10년 만에 끝냈어요."

마지막으로 카너먼이 물었다. "다른 팀들과 비교했을 때, 저희 팀의 능력과 자원은 대략 어느 정도 수준이라고 보시나요?"

폭스는 이번에는 망설임 없이 대답했다. "평균 이하이긴 하지만, 그렇다고 아주 많이 뒤처지는 정도는 아니에요."

이 사례는 같은 문제를 다른 관점에서 바라보면 전혀 다른 결론에 도달할 수 있음을 보여 준다. 첫 번째 관점은 내부 관점이다. 위 사례에서 카너먼 팀의 구성원들은 자신의 경험을 바탕으로, 즉 내부 관점으로 교재 완성 시간을 추정했으며, 이들이 예상한 기간은 1년 반에서 2년 반 사이였다.

두 번째 관점은 외부 관점이다. 위 사례에서 카너먼은 팀 내부 사람들의 주관적인 판단이 아닌 외부 관점, 즉 자신들과 유사한 수준의 팀들이 달성한 통계 데이터를 기반으로 완성 시간을 예측했다. 외부 관점으로 분석한 결과, 교재 완성에 실패할 확률은 40%였고, 완성 기간은 7년에서 10년 사이로 나타났다.

결과적으로 어떤 관점이 더 정확했을까? 위 예시의 경우 외부 관점의 압승이었다. 카너먼 팀이 만들던 교재는 8년 후에 완성되었기 때문이다.

베이즈적 사고로 해석하자면, 외부 관점은 '사전 확률'에 해당하고, 내부 관점은 '우도'에 해당한다. 알다시피 베이즈 정리에서 사전 확률은 핵심적인 요소로 작용하므로 외부 관점으로부터 얻은 정보를 활용하면 실제에 더 가까운 사후 확률을 도출할 수 있다.

중국에 '노산의 진면목을 알지 못하는 이유는 내가 노산 안에 있기 때문이다不識廬山「面目，只緣身在此山中'라는 말이 있다. 산 전체를 보려면 산 밖으로 나와야 한다는 뜻이다. 이 말처럼 우리도 어떤 상황이나 문제를 이해하려면 자신의 주관적인 생각, 즉 내부 관점에서 벗어나 제3의 객관적인 시각인 외부 관점에서 자신을 바라봐야 좀 더 명확한 판단을 내릴 수 있다.

3.2.2 내부 관점의 문제

바이두 전 부사장 리징李靖은 몇 년 전 〈내부 관점의 함정: CEO는 왜 자주 예측에 실패하는가?內部視角陷阱：CEO爲什麼頻頻預測失誤〉라는 아주 흥미로운 글을 발표했다. 이 글에서 그는 내부 관점의 문제점을 보여 주는 사례를 소개했다.

어느 조명 회사 CEO가 조명 관련 앱APP을 이용해 인터넷 시장에 진출하려는 야심 찬 계획을 세웠다. 그는 리징에게 이렇게 말했다. "우리는 이 앱에 막대한 자원을 투자할 계획입니다. 더불어 수많은 판매업체가 앱 홍보를 도울 예정이라 이 사업은 반드시 성공할 것입니다."

리징은 자신의 글에서 이 CEO의 문제점이 내부 관점에 의존해 사업의 성공 가능성을 판단한 데 있다고 지적했다. 그는 앱의 성공 가능성을 평가하는 과정에서 '내가 가진 자원이 얼마나 많은지', '나의 결심이 얼마나 굳건한지', '내가 그리려는 꿈의 크기가 얼마나 큰지'와 같은 요소를 근거로 삼아 '이 사업은 반드시 성공한다'라는 결론에 도달했다.

반면 외부 관점에서 이 문제를 보는 사람이라면 이렇게 질문할 것이다. "다른 사람들도 비슷한 상황에서 성공한 경우가 있었나?" 그리고 이 질문을 바탕으로 "내 기억에 앱으로 성공한 사례는 별로 없는 것 같아." 혹은 "이런 종류의 앱을 실제로 쓰고 싶어 할 사람이 내 주변에는 많지 않을 것 같아."라는 결론에 이를 가능성이 크다.

이처럼 내부 관점에 의존해 문제를 바라보는 것은 종종 오류를 초래한다. 이를 설명하기 위해 대니얼 카너먼과 아모스 트버스키Amos Tversky는 '계획 오류Planning Fallacy'라는 새로운 용어를 만들었다. 이 용어는 비현실적인 계획을 설명할 때 사용된다.

계획 오류의 사례는 개인, 정부, 기업이 계획을 세우고 예측하는 과정에서 흔히 발견된다. 대니얼 카너먼의 저서 『생각에 관한 생각』에서도 내부 관점에 의존해 지나치게 낙관적인 예측을 했을 때 초래되는 결과를 보여 주는 사례가 나와 있다.

- 1997년 7월 신 스코틀랜드 의회 건물의 건설 예산은 최대 4,000만 파운드로 책정되었다. 그러나 이 건물은 2004년 완공되었고, 실제로 투입된 비용은 약 4억 3,100만 파운드로 초기 예산의 10배에 달했다.

- 2005년에 진행된 한 연구에서는 1969년부터 1998년까지 전 세계에서 시행된 철도 사업들을 평가했다. 연구 결과, 설계자들이 예측한 철도 이용객 수는 평균적으로 106% 과대 추정되었으며, 비용 초과율도 평균 45%에 이르는 것으로 나타났다.

- 2002년 미국에서는 주방 리모델링을 계획 중인 주택 소유자를 대상으로 조사를 진행했는데, 예상 비용은 평균 1만 8,658달러였다. 그러나 실제 그들이 지출한 비용은 평균 3만 8,769달러에 이르는 것으로 나타났다.

계획 오류의 사례는 학계에서도 존재한다. 특히 많은 연구생과 지도 교수가 계획 오류로 인해 논문 제출 기간을 놓치는 경우가 많다.

어느 해 7월 초, 나는 지도 중이던 한 학생에게 논문 초안을 언제쯤 작성할 수 있을지 물었다. 왜냐하면 우리는 9월 말에 열리는 학회에 이 논문을 제출할 계획이었기 때문이다. 그 학생은 대략 2주 정도면 가능하다고 대답했다. 2주 뒤 내가 진행 상황을 물었을 때, 그는 영어로 작성하는 속도가 느려서 1~2주의 시간이 더 필요하다고 말했다. 다시 2주가 지나자, 그는 알고리즘에 버그가 있을 가능성이 있어 수정이 필요하다고 했다. 그렇게 시간이 흘러 9월이 되었고, 그는 실험을 좀 더 해 봐야 할 것 같다며 일주일의 시간을 더 달라고 했다. 그런데 논문 제출 마감힐에 가까워졌을 때 그는 실험에 문제가 생겨 논문을 완성할 수 없게 되었다고 말했다.

그 학생(어쩌면 나 자신도)은 논문 작성 완료 시점을 지나치게 낙관적으로 예측했을 뿐 아니라, 예상치 못한 문제들이 생길 가능성도 간과했다. 이것이 바로 계획 오류의 전형적인 사례다.

필립 테틀록Philip E. Tetlock과 댄 가드너Dan Gardner가 쓴 『슈퍼예측자들Superforecasting』에서는 하버드대학 교수이자 전 미국 재무부 장관인 래리 서머스Larry Summers가 직원들이 제시한 예상 작업 완료 시간을 어떻게 조정했는지에 대해 소개했다.

서머스의 전략은 다음과 같다. 직원들이 예상한 시간을 두 배로 늘리고, 그 결과를 더 큰 시간 단위로 변환하는 것이다. 예를 들어 직원이 어떤 작업에 1시간이 필요하다고 말하면, 서머스는 이를 2시간으로 늘린 뒤 작업 완료 시간을 2일로 계산했다. 마찬가지로 직원이 2일이 걸린다고 말하면 서머스는 이를 2배로 늘려 4일로 계산한 후 다시 4주로 변환했다. 서머스는 이러한 방법으로 직원들이 자신들의 내부 관점으로 예측한 작업 완료 시간을 보다 현실적으로 조정했다.

서머스의 방법대로라면, 앞서 학생이 '2주 안에 논문을 완성할 수 있다'고 한 예측은 실제로 4개월이 걸릴 것이라는 결론에 도달하게 된다. 정말 엄청난 차이가 아닌가!

3.2.3 외부 관점에서 문제를 볼 때 주의해야 할 점

외부 관점에서 문제를 바라보려면 자신의 상황뿐 아니라 자신과 비슷한 다른 사람들의 통계 데이터도 함께 고려해야 한다.

그러나 외부 관점을 잘 활용하려면 한 가지 사고의 함정에서 벗어나야 한다. 그 함정이란 당신이 보통의 사람과 크게 다르지 않은 이상, 대부분의 경우 사전 확률을 기반으로 계획의 오류를 조정하더라도 그 변화가 크지 않다는 점이다. 즉, '정규화된 우도≈1'이다.

다소 뼈아프게 들릴 수 있겠지만, 솔직히 말해 당신은 다른 사람들과 크게 다르지 않을 가능성이 높다.

그런데도 많은 사람이 무의식적으로 자신이 다른 사람과 다르다고 생각한다. 대다수는 자신이 남들보다 더 뛰어난 자질을 갖추고 있고, 남들보다 더 많은 기여를 하고 있으며, 심지어 운도 더 좋다고 믿고 있다. 그러나 현실적으로 대부분의 사람은 남들과 크게 다르지 않다. 이 두 관점의 차이는 [그림 3.2]에 잘 나타나 있다.

일례로, 통계에 따르면 90%의 운전자는 자신의 운전 실력이 평균 이상이라고 생각한다. 또 다른 예로, 미국에서는 소규모 기업이 5년 이상 생존할 확률이 약 35%에 불과하지만, 소규모 기업을 창업하는 사람들은 이런 통계 데이터가 자신에게는 해당하지 않는다고 생각한다. 또한 81%의 창업자가 자신들의 성공 확률이 70% 이상이라고 믿고 있으며, 심지어 33%의 사람들은 자신이 실패할 확률이 아예 없다고 생각한다.

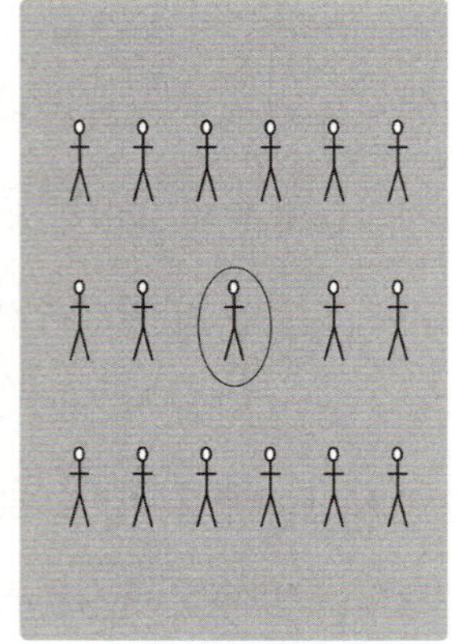

(a) 내 눈에 보이는 나　　　　(b) 현실 속의 내 모습

[그림 3.2] 두 관점의 차이

이러한 경향은 학계에서도 나타난다. 시카고대학교 경영대학원의 니콜라스 에플리Nicholas Epley 교수는 저명한 학술지에 논문을 게재한 다수의 저자들을 대상으로 설문 조사를 진행했다. 설문에서는 각 저자에게 자신이 해당 논문에 기여한 비율이 자신을 포함한 모든 공저자의 전체 기여도 중 얼마나 차지하는지를 추정하게 했다.[4] 만약 공저자들에 대한 기여도 평가가 공정하고 객관적이라면, 논문에 참여한 모든 사람의 기여율을 합산했을 때 그 합계는 당연히 100%에 근접해야 한다.

하지만 응답 결과는 달랐다. 논문에 참여한 모든 사람의 기여율의 합

---

4) Schroeder, J., Caruso, E. M., Epley, N.(2016). Many hands make overlooked work: Over-claiming of responsibility increases with group size. *Journal of Experimental Psychology: Applied.*

이 100%가 넘는 경우가 대부분이었기 때문이다. 특히 논문에 참여한 공저자 수가 많을수록 논문 저자 자신의 기여율은 그만큼 더 크게 증가했다. 가령 공저자가 3명인 경우 논문에 참여한 모든 사람의 기여도 합은 약 205%로 집계되었으며, 공저자가 6명인 경우 논문에 참여한 모든 사람의 기여도 합은 무려 260%에 달했다.

이처럼 팀의 구성원이 팀 내 자신의 기여도를 지나치게 과대평가하는 현상을 심리학에서는 '기여도 과대평가over-claiming credit'라 부른다. 이는 팀원 당사자가 객관성을 잃은 상태에 빠져 자신의 실적이나 공로에 대한 평가가 사실에 부합한다고 믿으면서, 실제로는 자신의 기여도를 과장하게 되는 심리적 왜곡 상태를 말한다.

또한 사람들은 자신의 기여도가 크다고 믿는 것뿐 아니라, 자신의 운이 남들보다 더 좋다고 생각한다. 예를 들어, 사람들은 복권 당첨 확률이 극히 낮다는 사실을 알면서도 왜 너도나도 복권을 사는 걸까? 이유는 자신이 당첨될 확률이 다른 사람보다 높다고 믿기 때문이다.

그렇다면 베이즈적 관점에서 이야기해 보자. 한 사람이 자기 자신을 평가할 때, 비록 사전 확률을 올바르게 추정했다 하더라도 자신과 다른 사람 간의 차이를 과대평가하게 되면 정규화된 우도가 1에서 벗어나게 된다. 그리고 이는 사후 확률이 크게 왜곡되는 결과를 초래한다.

예를 들어 보자. 어떤 기업이 5년 동안 생존할 확률을 예측하려면, 같은 유형의 기업의 평균적인 생존 확률을 기반으로 한 사전 확률에 창업자의 역량, 회사가 보유한 자원의 규모와 질, 외부 환경 및 팀원들의 협업 경험 등 관찰 가능한 특성을 반영해 생존 확률을 수정할 수 있다. 이를 베이즈 정리로 표현하면 다음과 같다.

$$P(\text{기업이 5년간 생존} \mid \text{해당 기업의 특성})$$

$$= P(\text{기업이 5년간 생존}) \times \frac{P(\text{해당 기업의 특성} \mid \text{기업이 5년간 생존})}{P(\text{해당 기업의 특성})}$$

일반적으로 소규모 기업이 5년 동안 생존할 확률은 35%로 알려져 있다. 즉, 이는 대다수 소규모 기업의 생존 확률에 대한 사전 확률로 볼 수 있다.

$$P(\text{기업이 5년간 생존}) = 35\%$$

보통 이 사전 확률을 사후 확률 대신 사용하여 대다수 기업의 생존 가능성을 추정할 수 있다. 하지만 창업자에게 자신의 기업이 살아남을 가능성(사후 확률)을 묻는다면, 이들은 평균적인 성공 확률인 사전 확률(35%)을 알고 있더라도 '내 회사는 다른 회사와 다르다'라고 믿을 가능성이 크다. 그리고 이러한 믿음은 우도를 왜곡하여 실제보다 과도하게 긍정적인 결과를 만들어 내고, 정규화된 우도 값이 1보다 훨씬 커지게 되는 결과를 초래한다.

$$\frac{P(\text{해당 기업의 특성}\mid\text{기업이 5년간 생존})}{P(\text{해당 기업의 특성})} \gg 1$$

결과적으로, 창업자들은 자신의 기업은 더 오래 생존하리라 판단하게 된다.

$$P(\text{기업이 5년간 생존}\mid\text{해당 기업의 특성}) \gg 35\%$$

정리해 보자

이번 파트에서는 베이즈 정리를 통해 '외부 관점'이라는 개념을 살펴봤다. 외부 관점이란 베이즈 정리에서 사전 확률에 해당한다.

사람들이 문제를 바라볼 때 흔히 저지르는 두 가지 실수가 있다. 첫째, 외부 관점을 무시하고 내부 관점으로만 문제를 바라보는 것이다. 베이즈적 관점에서 보면 이는 사전 확률을 무시하는 것과 같다. 둘째, 자신은 다른 사람과 다르다고 생각하며 지나치게 낙관적으로 자신을 평가하는 것이다. 이 역시 베이즈적 관점에서 보면, 정규화된 우도를 왜곡하는 행위에 해당한다. 이 두 가지 실수는 현실적인 판단을 방해하고, 잘못된 결론으로 이어질 가능성을 높인다.

3.3

상인의 전략: 베이즈 정리와 앵커링 효과

> **학생**: 오늘 쇼핑몰에서 할인하길래 물건을 한가득 샀어요. 싸게 잘 산 것 같아요.
>
> **선생님**: 또 넘어갔구나. 그게 바로 상인들이 흔히 쓰는 전략이야. '앵커링 효과'라고 부른단다. 앵커링 효과도 베이즈 정리를 이용해 설명할 수 있단다.

베이즈 정리를 이용해 설명할 수 있는 또 하나의 현상이 바로 '앵커링 효과Anchoring Effect'다.

심리학을 조금이라도 접해 본 사람이라면 한 번쯤 들어 봤을 것이다. 앵커링 효과란 사람들이 어떤 사물에 대해 정량적인 추정을 할 때, 특정 값을 출발점으로 삼으면 이 초깃값이 마치 닻anchor처럼 작용해 최종 추정치에 강한 영향을 미치는 현상을 말한다. 이 초깃값은 사람의 뇌리에 기준점으로 자리 잡아, 최종 추정치가 초깃값에서 크게 벗어나지 못하고 특정 범위에 머물게 된다. 그 결과 의사 결정을 내릴 때 처음 접한 정보에 지나치게 큰 비중을 두게 되는 경향이 나타난다.

이러한 앵커링 효과는 특히 경제 분야에서 활동하는 상인들이 널리 활용하는 전략이다. 온라인 쇼핑몰을 자주 이용하는 사람의 경우 앵커링 효과의 영향을 받았을 가능성이 크다. 예를 들어 [그림 3.3]의 가격표를 살펴보자. 먼저 상품 가격표에 터무니없이 높은 가격을 적어놓은 뒤, 이를 줄로 지우고 그 옆에 상대적으로 낮은 가격을 표시해 둔 경우를 많이 봤을 것이다.

[그림 3.3] 가격의 앵커링 효과

이것이 바로 앵커링 효과를 활용한 전형적인 사례다. 여기서 터무니없이 높은 가격이 '닻(앵커)' 역할을 한다. 처음에 본 높은 가격이 기준점으로 작용하면, 소비자는 그다음에 본 낮은 가격이 더 합리적으로 느껴져 구매 욕구를 자극받게 된다. 그러나 이 터무니없이 높은 가격은 대부분 상인들이 임의로 설정한 값일 뿐, 할인된 가격 역시 실제로는 크게 저렴하지 않을 수 있다.

그렇다면 앵커링 효과와 베이즈 정리의 관계를 한번 생각해 보자. 먼저 베이즈 정리의 공식은 다음과 같다.

$$사후 확률 = 사전 확률 \times 정규화된 우도$$

보다시피 베이즈 공식도 먼저 기본값(사전 확률)을 설정한 후 이를 조정하는 방식으로 작동한다. 이런 관점에서 보면, 앵커링 효과에서의 '닻(앵커)'은 베이즈 공식에서의 사전 확률과 유사한 역할을 한다.

일반적으로, 특정 방법으로 사전 확률을 바꾸는 것이 새로운 증거를 찾아 사후 확률을 바꾸는 것보다 훨씬 쉽다. 예를 들어, 상인들은 작은 속임수를 사용해 사전 확률을 조작함으로써 소비자가 물건 가격에 대해 편향된 인식을 갖도록 유도한다.

실제로 앵커링 효과는 물건이나 서비스를 판매하는 직종에서 널리 활용되는 전략이다. 예를 들어 부동산 중개인들은 처음부터 터무니없이 비싼 집을 보여 주는 경우가 많다. 물론 중개인도 당신이 그 집을 살 것으로 기대하지 않는다. 하지만 그 터무니없이 비싼 가격은 당신의 마음속에 기준점(즉, 앵커)으로 자리 잡는다. 그 결과, 이후 중개인이 비교적 저렴한 집을 보여 줬을 때, 당신은 그 집이 상대적으로 더 합리적인 가격이라고 느끼게 된다.

또 다른 예를 들어 보자. 명품 매장에 가면 최소 수백만 원에서 비싸게는 수천만 원에 이르는 가방들이 눈에 잘 띄는 곳에 진열되어 있는 걸 볼 수 있다. 명품 매장 주인도 이러한 고가의 상품들이 실제로 많이 팔리지는 않을 것을 잘 알고 있다. 그럼에도 불구하고 고가의 상품을 진열해 놓는 이유는 높은 기준점을 형성하기 위해서다. 이렇게 하면 10만 원 이하의 액세서리 같은 상대적으로 저렴한 상품이 가성비 좋은 선택처럼 보이게 된다. 흥미로운 점은, 실제로 매장에서 판매자들이 가장 많이 팔고 싶어 하는 상품은 저렴해 보이지만 마진율이 높은 액세서리와 같은 상품이라는 사실이다.

댄 애리얼리Dan Ariely는 그의 저서『상식 밖의 경제학Predictably Irrational』에서 앵커링 효과에 관한 흥미로운 사례를 소개했다. 이 사례는 상인들이 앵커링 효과를 활용해 본래 가치가 크지 않은 물건의 가격을 어떻게 부풀리는지를 보여 준다.

1973년 '진주의 왕'으로 불리던 살바도르 아사엘Salvador Assael에게는 팔리지 않는 타히티산 흑진주가 있었다. 그는 전설적인 다이아몬드 거상 해리 윈스턴Harry Winston에게 도움을 요청했다.

윈스턴은 뉴욕 5번가의 고급 보석 매장에 흑진주를 진열한 뒤 터무니없이 높은 가격표를 붙였다. 동시에 패션 잡지에 전면 광고를 게재했다. 광고에는 다이아몬드, 루비, 에메랄드가 흑진주 주변으로 무심한 듯 놓여 있었으며, 중심부에 자리 잡은 흑진주는 눈부신 광채를 발산하며 단연 돋보였다.

그 결과 아무도 관심을 두지 않던 흑진주가 순식간에 인기 상품으로 바뀌어 다이아몬드와 가격이 맞먹게 되었다. 윈스턴은 흑진주에 터무니없이 높은 가격을 붙여 소비자들에게 흑진주가 고급 보석이라는 첫인상을 심어 줬다. 아울러 다이아몬드 등 이미 잘 알려진 고가 보석들과 고급 매장의 이미지를 활용해 소비자들이 흑진주를 고급 보석으로 인식하도록 유도했다. 소비자들은 흑진주의 시장 가격은 잘 몰라도 다이아몬드의 가격은 익숙했으므로 '흑진주는 고가의 보석'이라는 인식이 소비자들의 마음속에 성공적으로 자리 잡았고, 결국 시장에서도 이러한 흐름을 받아들이게 된 것이다.

앵커링 효과는 노점에서 가격을 흥정하는 상황에서도 자주 활용된다. 예를 들어, 노점상은 처음부터 터무니없이 높은 가격을 부르며 그 가격을 기준점으로 설정한다. 만약 구매자가 이 가격을 기준으로 협상할 경우 판매자의 의도대로 흥정이 진행된다. 이때 구매자는 매우 낮은 가격을 제시하며 기준점 설정의 주도권을 가져와야 한다. 그래야 자신이 설정한 기준점에 가깝게 가격을 협상할 수 있다. 다음 대화 내용은 흔히 볼 수 있는 가격 흥정 과정이다.

구매자: 얼마죠?

판매자: 180만 원입니다. (판매자의 앵커 1)

구매자: 말도 안 돼요! 20만 원! (구매자의 앵커 1)

판매자: 160만 원! (판매자의 앵커 2)

구매자: 그래도 너무 비싸요. 40만 원! (구매자의 앵커 2)

판매자: 조금 깎아 드릴게요. 140만 원! (판매자의 앵커 3)

구매자: 제가 조금 양보하죠. 60만 원! (구매자의 앵커 3)

판매자: 120만 원이 마지노선이에요. 그 이하로는 남는 게 없어요.

　　　(판매자의 앵커 4)

구매자: 저도 80만 원이 최대예요. 안 되면 다른 가게로 갈게요.

　　　(구매자의 앵커 4)

판매자: 알겠어요. 원가에 드릴게요. 100만 원!

구매자: 그럼 100만 원에 할게요. 사장님도 남는 게 있으셔야죠!

앵커링 효과에서 '앵커(닻)'는 베이즈 정리의 '사전 확률'과 같다. 따라서 정확한 사전 확률을 설정하는 것이 중요하다. 왜냐하면 우리가 설정한 사전 확률이 사후 확률을 올바르게 추정하는 데 중요한 영향을 미치기 때문이다.

대부분의 상황에서 우리는 앵커(즉 사전 확률)를 이용해 어떤 일에 대한 타인 또는 자신의 인식을 바꿀 수 있다.

이와 관련된 실제 사례가 있다. 이 사례는 앵커링 효과를 자기 자신에게 어떻게 적용할 수 있는지를 보여 준다. 이는 『괴짜 경제학 Freekonomics』의 제1 저자 스티븐 레빗 Steven Levitt의 이야기로 셰릴 샌드버그 Sheryl Sandberg 의 저서 『옵션 B Another Choice』에 실려 있다.

샌드버그의 남편 데이브는 2015년 운동을 하다가 갑작스럽게 세상을 떠났다. 샌드버그는 페이스북 최고운영책임자 COO로서 성공적인 커리어를 쌓고 있었지만, 남편의 죽음 이후 한동안 일상생활이 불가능한 상태에 빠져버렸다.

샌드버그의 친구였던 스티븐 레빗은 자신의 경험을 예로 들며 그녀를 위로했다. 스티븐 레빗은 1999년에 1살 된 아들을 잃은 아픔을 겪었다. 그는 이렇게 말했다. "시간이 지나면서 슬픈 감정은 점차 줄어들고, 대신 감사한 마음이 조금씩 커지는 것을 느꼈어. 이제 우리 부부는 아이를 잃었다는 사실에 슬퍼하기보다는, 그 아이를 가질 수 있었던 것에 감사하고 있어."

샌드버그는 이 말을 듣고 자신의 관점을 바꾸기로 마음먹었다. 물론 남편을 잃은 슬픔은 컸지만, 적어도 그토록 멋진 사람과 삶을 함께할 수 있었던 것 자체만으로도 감사한 일이었음을 깨달았다.

레빗이 샌드버그에게 건넨 위로 한마디는 앵커링 효과를 이용한 사고방식의 전환을 보여 주는 좋은 예다. 만약 앵커(기준점)를 '아이를 가졌었다'로 설정하면, 부모는 결국 이 아이를 잃은 것에 대한 깊은 슬픔을 느낄 것이다. 하지만 앵커를 '아이를 한 번도 가질 수 없었을지도 모른다'로 설정하면, 부모는 아이를 가질 수 있었던 사실만으로도 깊은 감사함을 느낄 것이다.

사전 확률을 찾는 방법

학생: 베이즈 정리에서의 사전 확률은 어떻게 찾나요?

선생님: 두 가지 방법이 있어. 현재 분석해야 할 대상의 과거 데이터를 활용하거나, 현재 분석해야 할 대상과 유사한 집단의 평균적인 특성을 활용하는 거야. 그럼 지금부터 이 주제로 이야기해 보자.

우리는 이미 사전 확률이 매우 중요하다는 것을 알고 있다. 하지만 베이즈 정리로 정보를 추론할 때 사전 확률은 어떻게 설정해야 할까? 이를 설명하기에 앞서 먼저 다음 두 사람의 대화를 들어 보자.

어느 날 엄마가 영주에게 성냥을 사오라고 말하며 이렇게 당부했다. "불이 잘 붙는 성냥으로 골라와야 한다." 영주는 한참 뒤에야 성냥을 사 들고 집에 돌아왔다. 그러나 성냥갑을 열어 보니 이미 다 탄 성냥개비들만 들어 있었다. 엄마가 깜짝 놀라 물었다. "이게 대체 무슨 일이니?" 그러자 영주가 대답했다. "제가 전부 테스트해 봤는데, 다 불이 잘 붙더라고요."

웃긴 이야기처럼 들릴 수 있으나, 이 이야기의 본질은 영주가 사전 확률을 찾으려고 했던 과정에 있다. 다만 방법이 잘못됐을 뿐이다.

이번 파트에서는 사전 확률을 정하는 두 가지 방법에 대해 알아볼 것이다. 첫 번째는 현재 분석해야 할 대상의 과거 데이터를 기반으로 사전 확률을 정하는 방법이며, 두 번째는 현재 분석해야 할 대상과 유사한 집단의 평균적인 특성을 활용해 사전 확률을 정하는 방법이다.

지금부터 이 두 가지 방법을 좀 더 자세히 살펴보자.

3.4.1 과거 데이터 분석+유사한 집단 찾기

우리는 앞서 사전 확률의 중요성을 설명하기 위해 '옌스 레만의 쪽지'와 '자습 시간에 떠드는 두 학생'의 사례를 다뤘다.

이 두 사례에서 사용된 사전 확률은 현재 분석해야 할 대상의 과거 데이터를 기반으로 한 추정치다. 이를 이미지로 표현한 것이 [그림 3.4(a)]다. 만약 어떤 대상이 과거에 많은 데이터를 축적해 놓았다면, 우리는 그 데이터들을 활용해 사전 확률을 계산할 수 있다.

예를 들어 독일 축구팀의 골키퍼 레만이 크루즈 선수를 상대로 페널티 킥을 방어한다고 가정하자. 레만은 크루즈의 과거 페널티 킥 데이터를 바탕으로 사전 확률을 계산할 것이다. 그 결과 크루즈가 오른쪽 위 코너로 공을 찰 확률(사전 확률)이 다른 방향으로 찰 확률보다 훨씬 크다고 판단할 것이다.

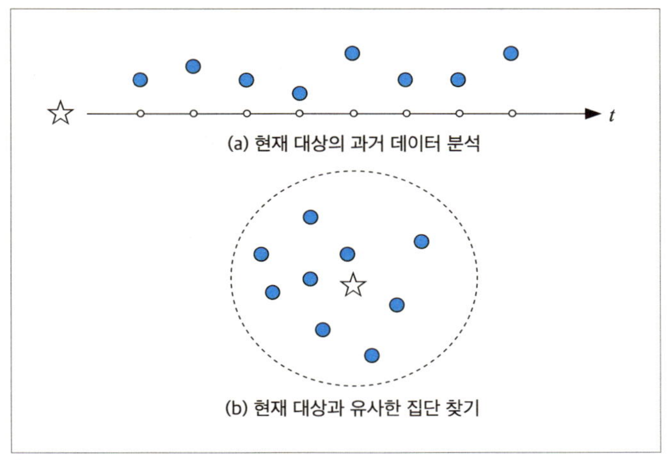

[그림 3.4] 사전 확률을 찾는 두 가지 방법

또 다른 예로, '자습 시간 중 떠드는 두 학생'의 이야기에 나오는 선생님 역시 성적이 우수한 민수와 성적이 안 좋은 현우의 과거 데이터를 바탕으로 이들의 사전 확률, 즉 두 사람이 잡담을 나눴을 확률과 문제 토론을 했을 확률을 각각 다르게 평가했다.

그러나 실제로 현재 분석해야 할 대상의 과거 데이터를 얻는 것은 어렵거나 불가능한 경우가 많다. 그래서 이럴 때 우리는 다른 방법을 써서 사전 확률을 설정해야 한다. 그 방법은 바로 현재 분석해야 할 대상과 유사한 집단을 찾는 것이다.

이 방법을 이미지로 나타낸 것이 바로 [그림 3.4(b)]다. 이 방법은 현재 분석해야 할 대상과 유사한 집단을 찾은 뒤, 그들의 통계 데이터를 이용해 사전 확률을 추정하는 방법이다.

앞서 성냥개비 예시가 바로 여기에 해당한다. 이 예시에서 영주는 특정 성냥개비에 불이 붙을 가능성, 즉 사전 확률을 판단하기 위해 비슷한 유형의 대상을 활용했다. 여기서 성냥갑 안의 모든 성냥은 '현재 분석해야 할 대상과 유사한 특성을 지닌 집단'이며, 이들 모두 비슷한 사전 확률을 갖는다. 따라서 영주는 성냥개비 일부를 테스트하여 실제로 불이 붙는지를 확인한 뒤, 이를 통계적으로 분석하면 성냥갑 안에 있는 특정 성냥개비에 불이 붙을 확률(사전 확률)을 예측할 수 있다.

3.4.2 유사한 집단에서 사전 확률을 찾는 방법

몇 가지 예시를 통해 유사한 집단에서 사전 확률을 찾는 방법을 살펴보자.

예시 1: 비행기가 심하게 흔들리는 상황

베이즈 정리를 이용해 '이 비행기에 사고가 발생했다'라는 결과가 일어날 사후 확률을 계산해 보자. 베이즈 정리 공식은 다음과 같다.

$$P(\text{이 비행기에 사고가 발생했다} \mid \text{기체가 심하게 흔들린다})$$
$$= P(\text{이 비행기에 사고가 발생했다})$$
$$\times \frac{P(\text{기체가 심하게 흔들린다} \mid \text{이 비행기에 사고가 발생했다})}{P(\text{기체가 심하게 흔들린다})} \quad (3\text{-}4)$$

여기서 우리가 알고자 하는 사후 확률은 현재 타고 있는 이 비행기에 대한 것이지, 다른 비행기가 아니다. 하지만 우리는 이 비행기에 사고가 발생할 확률, 즉 사전 확률은 알 수 없다. 왜냐하면 우리는 이 비행기의 지난 모든 운항 기록(일반적으로 과거에 큰 사고가 있었던 비행기는 운항 허가가 취소된다)을 모르기 때문이다.

대신 우리는 '평균적으로 비행기 사고가 발생할 확률'을 알고 있다. 이 확률은 과거 비행기 사고 데이터를 바탕으로 예상한 값이다.

$$P(\text{비행기 사고}) = \frac{1}{123000 \times 365} \approx 2.23 \times 10^{-8}$$

자, 이제 우리는 비행기 사고가 발생할 확률(사전 확률)을 알았다. 그리고 현재 타고 있는 이 비행기는 보통의 비행기다. 그렇다면 우리는 앞서 평균적으로 비행기 사고가 발생할 확률을 우리가 구하려는 사전 확률로 대체할 수 있다.

$$P(\text{비행기 사고}) = P(\text{이 비행기에 사고가 발생했다}) \approx 2.23 \times 10^{-8}$$

아울러 이를 기반으로 '이 비행기에 사고가 발생했다'라는 결과가 발생할 사후 확률을 계산할 수 있다.

예시 2: 이 수박은 맛있을까?

지금 당신이 손에 들고 있는 수박의 품종이 기린 수박麒麟瓜(주로 중국 및 동남아 지역에서 재배되는 수박 품종 중 하나_역주)이고, 이 수박을 두드렸을 때 '통통'하고 울리는 소리가 난다고 가정해 보자. 그럼 이제 베이즈 정리를 이용해 '이 기린 수박은 맛있다'라는 가정이 사실일 확률(사후 확률)을 계산해 보자.

$$P(\text{이 기린 수박은 맛있다} \mid \text{두드렸을 때 통통 소리가 난다}) =$$
$$= P(\text{이 기린 수박은 맛있다})$$
$$\times \frac{P(\text{두드렸을 때 통통 소리가 난다} \mid \text{이 기린 수박은 맛있다})}{P(\text{두드렸을 때 통통 소리가 난다})} \qquad (3\text{-}5)$$

여기서 잠시 짚고 넘어가야 할 것이 있다. 현재 우리가 구하려는 사전 확률과 사후 확률 모두 당신이 손에 들고 있는 이 기린 수박에 관한 것이다. 왜냐하면 당신이 알고 싶은 것은 다른 수박의 맛이 아니라, 지금 손에 들고 있는 이 수박이 맛있는지 아닌지이기 때문이다.

하지만 '이 기린 수박은 맛있다'라는 결과의 사전 확률은 직접 수박을 잘라 맛을 보기 전까지는 정확히 알 수 없다. 대신 우리는 평균적으로 기린 수박이 맛있을 확률은 알 수 있다. 이 확률은 기린 수박에 대한 과거 통계 데이터를 기반으로 알 수 있다. 관련 자료에 따르면 기린 수박은 껍질이 얇고 당도가 매우 높다고 한다. 여기서 우리는 다음과 같은 사실을 알 수 있다.

$$P(\text{일반적으로 기린 수박은 맛있다}) \approx 1$$

이 확률은 기린 수박의 맛에 대한 과거 통계 데이터를 기반으로 얻은
값이다. 현재 당신이 손에 들고 있는 수박이 기린 수박이라는 사실을 고
려하면, 이 확률을 당신이 구하려는 사전 확률로 사용할 수 있다. 즉,

$$P(\text{일반적으로 기린 수박은 맛있다}) = P(\text{이 기린 수박은 맛있다})$$

따라서 당신은 앞서 구한 사전 확률을 이용해 '이 기린 수박은 맛있다'
라는 결론의 사후 확률을 계산할 수 있다.

3.4.3 사전 확률을 찾는 과정에서 범하는 오류 ①

그러나 우리는 위 두 가지 방법으로 사전 확률을 찾는 과정에서 몇 가
지 오류를 범하기 쉽다.

일반적으로 현재 분석해야 할 대상의 과거 데이터를 바탕으로 사전
확률을 설정하는 경우, 한 가지 중요한 가정이 전제되어야 한다. 바로
그 대상이 과거부터 현재까지 변하지 않았다는 가정이다. 만약 그 대상
에 변화가 있음에도 불구하고 여전히 과거 데이터를 기준으로 현재의
사전 확률을 설정한다면, '각주구검刻舟求劍(배에 표식을 새겨 칼을 찾는다는
성어로 고정된 방식으로 문제를 풀려는 경직된 사고를 비유하는 말_역주)'과 같은
오류를 범할 수 있다.

마찬가지로, 우리가 아무리 폭넓은 시야로 대상의 변화를 고려하더
라도 또 다른 오류에 빠지기 쉽다. 바로 '외삽 오류extrapolation error'다. 외

삽 오류란, 현재의 추세가 계속 이어질 것이라고 믿는 잘못된 판단을 의미한다. 이 오류를 바탕으로 내린 결론은 종종 터무니없을 수 있다. 외삽 오류가 생기는 근본 원인은 추세 자체가 변화하기 때문이다.

석유 고갈론이 바로 그중 한 예다. 사람들은 이미 확인된 석유 매장량을 기준으로 석유 소비 속도를 예측했고, 그 결과 여러 차례 석유가 곧 고갈될 것이라는 결론에 도달했다.

- 1914년 미국 광무국은 미국의 석유 매장량이 10년 안에 고갈되리라 예측했다.
- 1970년대 미국 카터 대통령은 앞으로 10년 안에 전 세계 석유 매장량이 소진될 것이라고 발표했다.
- 1994년 세계 에너지 전문가들은 전 세계 석유 가채 연수(앞으로 얼마 동안 자원을 채굴할 수 있을지를 나타내는 지표_역주)가 40년밖에 남지 않았다고 경고했다.

하지만 현재까지 석유는 여전히 고갈되지 않았다. 그 이유 중 하나는 셰일 오일 채굴 기술의 개발로 인해 기존의 추세가 변화했기 때문이다. 그러나 이러한 추세 변화는 과거에 사람들이 쉽게 예측할 수 없는 일이었다.

지금까지는 현재 대상의 과거 데이터로 사전 확률을 설정할 때 발생할 수 있는 오류에 대해 설명했다. 이제부터는 '현재 대상과 유사한 대

　　　　　　　　　　　　3 베이즈 정리의 구성 요소 ①: 사전 **확률**

상'의 과거 데이터로 사전 확률을 설정할 때 발생할 수 있는 오류에 대해 알아보자.

인터넷 유행어 중 '황제의 황금 호미皇帝的金锄头'라는 말이 있다. 이 용어는 다음 이야기에서 유래했다.

아주 오래전, 두 농부가 황제의 호화로운 삶을 상상하며 대화를 나눴다. 한 농부가 말했다. "황제는 분명 매일 배부르게 찐빵을 먹겠지?" 그러자 다른 농부가 대답했다. "그뿐이겠어? 황제는 밭에 나갈 때도 금으로 만든 호미를 쓸걸?"

두 농부가 황제의 생활을 상상하면서 한 말은 베이즈 정리의 사고방식과 유사한 구조를 띤다. 먼저, 농부들은 자신들에게 익숙한 경험을 바탕으로 사전 확률(황제는 분명 일반 농민보다 풍요로운 삶을 살 것이다)을 설정했다. 그다음 이를 바탕으로 새로운 상상을 더해(황제라면 매일 배불리 찐빵을 먹을 것이다 등) 황제의 생활에 대한 구체적인 모습을 그려 나갔다.

이 과정에서 두 사람은 '농민의 관점'으로 황제의 생활을 상상했기 때문에, '황제라면 쇠 호미가 아니라 금으로 만든 호미를 쓰겠지'라는 결론을 내렸다. 그러나 황제는 신분상 농민과 전혀 다른 삶을 사는 존재이므로, 이들이 내린 결론은 틀릴 수밖에 없다. 따라서 황제의 일상을 제대로 추론하려면 왕족이나 귀족 등 황제처럼 높은 신분을 가진 사람을 기준점으로 삼아 사전 확률을 설정해야 올바른 결론에 도달할 수 있다.

3.4.4 사전 확률을 찾는 과정에서 범하는 오류 ②

사람들이 흔히 저지르는 또 다른 오류는 바로 자신에게 익숙한 것을 가장 가능성이 높은 일로 여기는 것이다. 이는 개인적인 경험이 사전 확률을 과대평가하게 만드는 현상으로 이어진다.

중국 속담 중에 '뱀에게 물린 적이 있는 사람은 우물의 두레박 줄만 봐도 무서워한다一朝被蛇咬，十年怕井繩'라는 말이 있다. 이는 과거에 자신이 겪은 아픈 경험이 잘못된 사전 확률을 만들어 낸 사례다. 문자 그대로의 의미만을 본다면 틀린 말은 아니다. 과거에 뱀에게 물린 경험이 있는 사람은 그 뒤로 밧줄처럼 뱀과 비슷한 형태의 물체를 봤을 때 충분히 공포를 느낄 수 있다.

하지만 실제로 야생에서 뱀을 만날 확률은 매우 낮다. 그럼에도 불구하고 과거에 뱀에게 물린 경험은 그 사람의 머릿속에서 '기다란 형태를 가진 물체는 뱀일 가능성이 높다'라는 사전 확률을 과도하게 부풀려 두려움을 만들어 낸다.

'수주대토守株待兔'라는 고사성어 역시 개인의 경험이 사전 확률을 과도하게 부풀리는 예를 잘 보여 준다. 송나라의 한 농부는 과거에 우연히 토끼가 나무 그루터기에 부딪혀 죽는 것을 발견했다. 이때부터 그의 마음속에는 '토끼가 나무에 부딪혀 죽을 확률'이 부풀려졌다. 그는 어리석게도 이 우연한 사건이 반드시 다시 일어날 것으로 착각하여 농사일을 내팽개치고 그루터기만 지켰다.

이러한 오류는 의사들에게서도 나타난다. 의사는 자신이 전공한 질병에 익숙해져서 병을 진단하는 과정에서 종종 자신이 잘 아는 질병과 연결 지어 판단하는 경우가 발생한다. 다음 이야기는 이러한 현상을 잘 보여 준다.

한 노인이 치통이 심해 치과를 찾았다. 치과 의사는 그의 증세를 보고 '급성 치주염'으로 진단했다. 하지만 환자의 치통은 전혀 나아지지 않았고, 결국 실신하기에 이르렀다. 이후 다른 과 의사가 협진하는 과정에서 문제가 발견됐다. "환자의 치아를 검사한 결과 이상이 없었습니다. 그런데도 이런 극심한 통증을 느끼는 것은 심장 질환으로 인한 치통일 가능성이 큽니다. 이러한 심인성 치통은 단순히 심장 문제뿐 아니라 대혈관 이상까지 의심해야 합니다. 특히 대동맥 박리성 동맥류의 가능성도 배제할 수 없습니다. 따라서 즉시 심장 초음파와 대동맥 CT 검사를 시행해야 합니다." CT 검사를 진행한 결과, 노인의 병명은 대동맥 박리 동맥류로 판정되었다. 그러나 안타깝게도 노인은 수술을 받기도 전에 급성 심정지로 끝내 사망했다.

이 사례에서 치과 의사는 자신에게 익숙한 구강 질환으로 질병을 진단하는 '인지적 편향'에 빠졌다. 병원에서 난치병이나 의심스러운 질환을 치료할 때 여러 과의 전문가가 협진을 시행하는 이유가 바로 이 때문이다.

이와 같은 상황은 의료계뿐 아니라 일반인들한테서도 자주 발생한다. 예를 들어, 어떤 한 회사에서 각 부서 담당자에게 회사 이익이 감소한 원인을 분석하도록 했다고 가정하자. 이때 각 담당자는 자신의 업무 전문성에 기반해 원인을 분석할 가능성이 높다. 이를테면, 기술 개발자는 "회사가 가진 핵심 기술이 뒤처졌기 때문이다."라고 말할 것이고, 경영 담당자는 "경영 관리 시스템에 문제가 있기 때문이다."라고 말할 것이다. 또한 인사팀은 "인재를 채용하지 못했기 때문이다."라고 말할 것이다. 결론적으로 사람들은 자신에게 익숙한 원인을 문제의 주된 원인으로 과대평가하는 경향이 있다.

3.4.5 사전 확률을 조정할 때 자주 나타나는 문제

지금까지 우리는 현재 분석해야 할 대상의 과거 데이터나 그와 유사한 집단의 평균적인 특성을 참고해 사전 확률을 설정한 뒤 이를 현재 상황에 맞게 조정하면, 보다 정확하고 현실적인 결론에 도달할 수 있음을 배웠다. 그러나 이 과정에서도 자주 발생하는 문제가 있다. 바로 사전 확률을 잘못된 방향으로 조정하는 경우다.

청일 전쟁의 패배는 중국에 심각한 민족적 위기를 가져왔지만, 동시에 일본의 '근대화 성공 모델'을 배우는 계기가 되었다. 당시 중국의 많은 지식인이 일본을 연구하며 메이지 유신이 일본 사회 발전에 크게 기여했음을 깨달았다. 특히 변법자강운동을 이끈 주요 인물 중 한 명인 캉유웨이康有爲는 메이지 유신을 일본이 근대화에 성공할 수 있었던 유일한 요인이라고 생각했다. 그래서 그는 광서제光緖帝에게 "일본의 메이지 유신을 본보기로 삼아야 한다."라고 주장했다.

그러나 캉유웨이 및 량치차오梁啓超와 같은 급진 개혁파는 중국의 민족적 위기에 깊은 우려를 표하면서도, 변법자강운동의 전망에 대해서는 지나치게 단순하고 낙관적으로 판단했다.

캉유웨이가 변법자강운동의 시행을 앞두고 쓴 『일본변정고日本變政考』에는 메이지 유신 이후 일본 내에서 이뤄진 다양한 개혁을 분석한 내용이 담겨 있다. 다음은 책의 일부 내용이다.

"유럽과 미국은 300년에 걸쳐 근대화를 이루었지만, 일본은 이들 국가를 모방하여 단 30년 만에 근대화에 성공했다. 만약 광활한 영토와 방대한 인구를 가진 중국이 일본을 모델로 삼아 변법자강운동을 시행한다면 3년 안에 개혁 방향이 정립되고, 5년 안에 세부 제도가 정비될 것이며, 8년 안에 그간의 성과가 나타날 것이고, 10년 안에는 강대국으로 자리매김할 것이다."

여기서 캉유웨이는 일본의 메이지 유신을 중국 변법자강운동의 '사전 확률'로 삼았다. 하지만 캉유웨이의 논리를 자세히 분석해 보면 문제점이 드러난다. 일본의 근대화 성공 사례라는 사전 확률을 중국에 잘못된 방향으로 적용했기 때문이다. 무릇 큰 나라를 다스리는 것은 작은 나라를 다스리는 것보다 훨씬 어렵다. 중국은 일본보다 국토 면적이 넓고 인구도 훨씬 많은 나라다. 그만큼 중국 내에서 이뤄지는 개혁은 일본의 메이지 유신보다 훨씬 더 복잡하고 까다로울 수밖에 없다. 따라서 일본이 30년에 걸쳐 근대화에 성공했다면, 중국이 같은 목표를 달성하는 데 걸리는 시간은 30년보다 훨씬 길어야 한다.

안타깝게도 캉유웨이는 이점을 깨닫지 못했다. 캉유웨이가 『일본변정고』를 썼을 때가 1898년인데, 당시 그는 "10년 뒤 중국은 강대국이 될 것이다."라고 주장했다. 그의 말대로라면 그때가 1908년인데, 실제로 그 시점에 변법자강운동은 이미 실패로 끝난 상태였으며 청나라 역시 그로부터 4년 뒤인 1912년에 멸망했다.

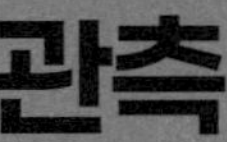

Chapter 4

베이즈 정리의 구성 요소 ②: 관측

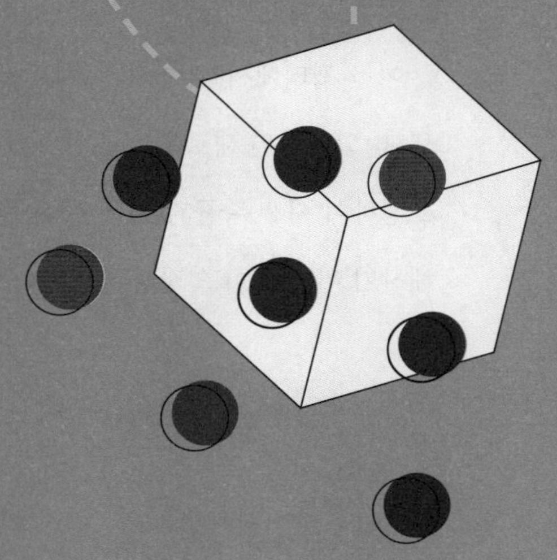

어떤 관측이 당신의 인식을 바꿀 수 있을까?

학생: '이 관측은 정보량이 크다'라는 말이 있던데요, '정보량'이 정확히 무엇인가요?

선생님: 관측의 정보량이란, 어떤 관측이 사람들의 기존 인식을 얼마나 변화시키는지를 나타내는 개념이야. 오늘은 베이즈 정리를 활용해 관측의 정보량을 분석해 보자.

이전 챕터에서 베이즈 정리의 첫 번째 요소인 '사전 확률'에 대해 배웠다. 그렇다면 새로운 관측이 이뤄졌을 때, 우리는 어떻게 사전 확률을 조정하여 사후 확률과 사전 확률 간의 차이를 만들 수 있을까? 이를 이해하기 위해 베이즈 정리 공식부터 살펴보자.

$$P(\text{원인 } i \mid \text{관측}) = P(\text{원인 } i) \times \frac{P(\text{관측} \mid \text{원인 } i)}{P(\text{관측})}$$

사후 확률   사전 확률   정규화된 우도

보다시피, 사전 확률을 조정하려면 '정규화된 우도'에 변화가 필요하다. 그리고 '정규화된 우도'가 달라지려면 새로운 '관측'이 이루어져야 한다.

하지만 모든 관측이 사전 확률을 변화시킬 수 있는 것은 아니다. 사후 확률과 사전 확률 간의 차이를 크게 만들고 싶다면, '정보량이 큰' 관측이 필요하다. 지금부터는 관측의 정보량에 대해 집중적으로 다뤄 보겠다.

4.1.1 정보량이 큰 관측

'정보량이 크다'라는 것은 무슨 의미일까?

어떤 관측의 정보량은 관측된 사실이 얼마나 예상 밖의 내용인지, 그리고 기존 인식을 얼마나 크게 변화시키는지에 따라 결정된다. 즉, 관측된 사실이 예상 밖의 일일수록 그리고 기존 인식을 변화시킬 가능성이 클수록 정보량이 크다고 할 수 있다. 반대로 관측된 사실이 예상과 크게 다르지 않거나 기존 인식에 미치는 영향이 작다면, 정보량은 작다고 볼 수 있다. 우리는 이 내용을 다음과 같이 정의할 수 있다.

$$정보량 = 예상 밖의 정도, 기존 인식의 변화 정도$$

예를 들어 보자. 한 회사에서 부사장 자리가 공석이 되어 몇 명의 후보자 중 한 명을 선택해야 하는 상황이다. 대부분의 사람은 경력도 오래

되고 업무 능력도 뛰어난 장 과장이 승진할 것이라고 예상했다. 그런데 어느 날 동료가 몰래 아무도 예상하지 못했던 김 과장이 승진했다는 소식을 전했다.

여기서 '김 과장이 승진했다'라는 소식은 당신에게 매우 큰 정보량을 제공한다. 왜냐하면 이 소식은 기존 예상과 크게 다르기 때문이다. 반면, 만약 장 과장이 승진했다는 소식을 들었다면 별로 놀랍지 않았을 것이다. 왜냐하면 그 소식은 이미 예상된 결과이기 때문이다.

이를 베이즈적 관점에서 분석해 보면 정보량의 개념을 좀 더 명확하게 이해할 수 있을 것이다.

우선 현재 관측한 현상을 A라고 가정하자. 그리고 A가 관측된 상황에서 A를 초래한 실제 원인이 H일 확률, 즉 사후 확률 $P(H|A)$는 다음과 같이 표현할 수 있다.

$$P(H|A) = P(H) \times \frac{P(A|H)}{P(A)}$$

사후 확률   사전 확률   정규화된 우도

위 식에서 사전 확률 $P(H)$는 A 현상을 관측하기 전, 원인 H에 대해 가지고 있던 기존 인식을 의미한다. 반면 사후 확률 $P(H|A)$는 A 현상을 관측한 후 형성된 원인 H에 대한 새로운 인식을 뜻한다.

     4 베이즈 정리의 구성 요소 ②: 관측

만약 사전 확률 $P(H)$와 사후 확률 $P(H|A)$ 간의 차이가 크다면, A라는 관측 결과가 당신의 인식에 큰 변화를 가져왔음을 의미한다. 이때 '이 관측은 정보량이 크다'라고 말할 수 있다.

다음은 새로운 관측이 매우 큰 정보량을 제공하는 경우다.

1) 사전 확률이 매우 낮을 때, 관측을 통해 사후 확률이 1까지 상승하는 경우
2) 사전 확률이 매우 높을 때, 관측을 통해 사후 확률이 0으로 떨어지는 경우

지금부터 이 두 가지 경우를 각각 살펴보자.

1) 사전 확률이 매우 낮을 때, 관측을 통해 사후 확률이 1까지 상승하는 경우

사전 확률 $P(H)$가 매우 낮았음에도 불구하고 사후 확률 $P(H|A)$가 1에 가까워졌다면, 과연 어떤 A를 관측했기에 그런 결과가 나온 것일까?

이 질문을 쉽게 풀어 보자. 처음에는 어떤 원인 H가 실제로 발생할 확률이 매우 낮다고 생각했지만 A라는 현상을 관측한 순간 H가 발생할 확률이 매우 높다고 믿게 된다면, 이때 A는 정보량이 매우 큰 관측이라고 할 수 있다.

대부분의 사람은 H가 A라는 현상을 완벽히 설명할 수 있다면 사후 확률 $P(H|A)$가 1에 가까워질 수 있다고 생각한다.

한 가지 예를 들어 보자. 우리는 한 개인의 특징을 관찰하고, 이를 바

탕으로 그 사람의 미래 성공 가능성을 판단하려는 경향이 있다. 여기서 두 가지 가설을 세워 보자.

$$H = 성공한 사람, \overline{H} = 평범한 사람$$

그렇다면 우리는 이 사람에게서 어떤 특징 A를 발견해야 그가 미래에 성공할 가능성이 높다고 생각하게 될까? [그림 4.1]을 보자.

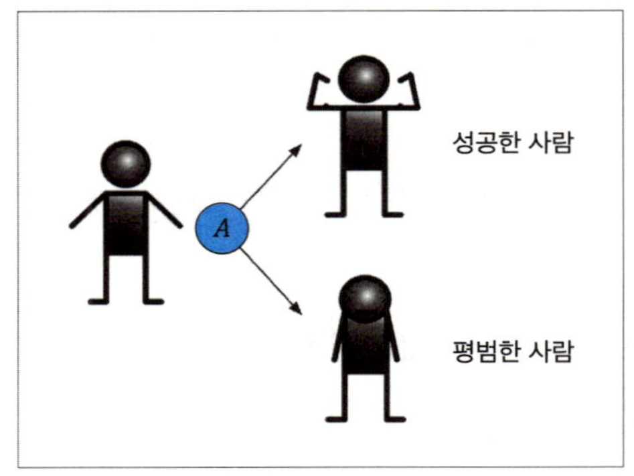

[그림 4.1] 이 사람에게서 어떤 특징 A를 발견해야 그가 미래에
성공할 가능성이 높다고 생각하게 될까?

대부분은 직관적으로 이렇게 생각할 것이다. '이 사람에게서 모든 성공한 사람이 가지고 있는 특징, 예를 들어 '끈기와 인내심', '뛰어난 의사소통 능력', '끊임없이 배우는 자세' 등을 갖추고 있다면, 그는 미래에 성공할 가능성이 매우 높다.'

과연 이 생각이 맞을까? 지금부터 수학적으로 분석해 보자.

모든 성공한 사람이 공통으로 가지고 있는 특징 A를 확률로 표현하면 $P(A|H) = 1$로 나타낼 수 있다. 여기서 주의할 것이 있다. $P(A|H)$는 '우도'이다. 그렇다면 $P(A|H) = 1$인 특징 A가 사후 확률 $P(H|A)$를 1로 만들 수 있을까?

베이즈 정리 공식에 따라 $P(H|A)$는 다음과 같이 나타낼 수 있다.

$$P(H|A) = P(H) \times \frac{P(A|H)}{P(A)}$$

여기에서 $P(A)$는 특징 A가 발생할 확률을 의미한다. 전체 확률의 법칙law of total probability에 따라, $P(A)$는 A의 발생 가능성을 결정하는 모든 조건을 고려하여 계산할 수 있다. 이 예시에는 가능한 원인을 H(성공한 사람)과 $\overline{H}$(평범한 사람) 두 가지로 단순화하여 가정한다. 따라서 $P(A)$는 다음과 같이 표현할 수 있다.

$$P(A) = P(A|H)P(H) + P(A|\overline{H})P(\overline{H})$$

따라서 사후 확률은 다음과 같다.

$$P(H|A) = P(H) \times \frac{P(A|H)}{P(A|H)P(H) + P(A|\overline{H})P(\overline{H})} \qquad (4\text{-}1)$$

위 식에 $P(A|H) = 1$을 대입할 경우 다음과 같은 식을 얻게 된다.

$$P(H|A) = P(H) \times \frac{1}{P(H) + P(A|\overline{H})P(\overline{H})} \qquad (4\text{-}2)$$

위와 같이, $P(A|H) = 1$만으로는 사후 확률 $P(H|A)$를 1로 만들 수 없다. 그렇다면 사후 확률 $P(H|A) = 1$은 언제 성립될 수 있을까? 식 (4-2) 중 $P(A|\overline{H}) = 0$이라면 사후 확률 $P(H|A)$가 1이 될 수 있다.

여기서 $P(A|\overline{H}) = 0$이란, A라는 특징이 모든 '평범한 사람'에게서는 절대 나타나지 않는다는 뜻이다.

정리하자면, 어떤 사람에게서 A라는 특징이 나타난다고 해서 그 사람이 미래에 반드시 성공한다고 단정할 수는 없다. 따라서 $P(H|A) = 1$이 성립하려면 추가적인 조건이 필요하다. 그것은 바로 A 특징이 모든 평범한 사람에게서는 나타나지 않아야 한다는 점이다.

이로부터 우리는 흔히 '성공학'이라고 불리는 것들의 근본적인 문제점을 발견할 수 있다. 현재 우리 주변에는 성공에 관한 서적과 글이 넘쳐난다. 이런 글들은 대개 다음과 같은 방식으로 전개된다. 먼저 어려운 시련을 극복하고 꿈을 이룬 몇몇 성공한 인물들의 사례를 소개한다. 그 다음 이들에게서 공통으로 나타나는 특징들을 분석한다. 예를 들면 끈기 있는 성격, 어떤 어려움에도 굴하지 않는 용기, 실패를 두려워하지 않는 정신, 독립적인 사고, 근면성 등이 이에 해당한다. 그리고 이를 바탕으로 성공학 이론을 도출한다.

　　　　　　　　　　4 베이즈 정리의 구성 요소 ②: 관측

성공학을 다루는 글들은 대체로 다음과 같은 결론을 직간접적으로 제시한다. "수많은 성공한 사람들을 분석한 결과, 성공은 복제할 수 있습니다. 그들의 방식을 따라 하면 당신도 성공할 수 있습니다!"

사실 이러한 '성공학'에는 다음과 같은 사고방식이 암묵적으로 깔려 있다. "성공한 사람들은 A라는 특징을 가지고 있으니, 당신도 그 A라는 특징을 가지면 성공할 수 있다."

그러나 베이즈 정리는 이러한 주장이 틀렸다는 것을 보여 준다. 성공한 사람 H가 A 특징을 가지고 있다는 사실은 단지 $P(A|H)$가 크다는 것을 의미할 뿐이다. 그러나 그 특징 A가 반드시 당신을 성공한 사람으로 만들어 주려면, $P(H|A)$가 매우 커야 한다. $P(H|A)$가 커지려면 단순히 $P(A|H) = 1$인 것만으로는 부족하다. 반드시 $P(A|\overline{H})$가 작아야 한다. 다시 말해, 우리는 평범한 사람 중에서도 A를 가지고 있는 사람이 있는지를 반드시 분석해야 한다. 오직 평범한 사람들한테서 A라는 특징이 발견되지 않을 때, 즉 $P(A|\overline{H}) = 0$일 때만 사후 확률 $P(H|A)$가 높아질 수 있다.

따라서 '어떤 사람이 성공할 가능성이 높은가?'를 알아내기 위해서는 반드시 성공한 사람들뿐만 아니라 평범한 사람들도 포함해서 데이터를 수집하고 분석해야 한다. [그림 4.2]와 같이 두 집단 사이에 통계적으로 유의미한 차이가 있어야만 A라는 특징이 성공 여부를 설명할 수 있는 의미 있는 특징이 될 수 있다.

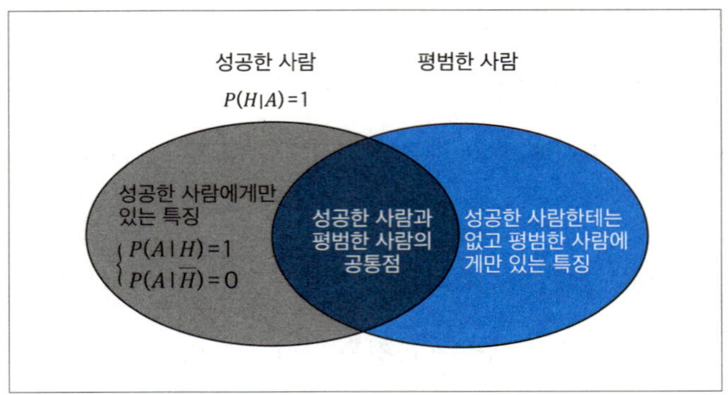

[그림 4.2] 두 집단의 특징 비교

성공한 사람만을 대상으로 데이터를 수집하면 당연히 성공한 사람의 특징을 발견할 수 있다. 하지만 우리는 반드시 평범한 사람들의 특징도 찾아야 한다. 그런 다음 두 집단의 공통된 특징을 소거하면 성공한 사람한테만 있는 특징 A를 찾을 수 있다. 여기서 성공한 사람에게만 있는 특징 A는 다음과 같은 조건을 만족한다.

$$\begin{cases} P(A|H) = 1 \\ P(A|\overline{H}) = 0 \end{cases}$$

즉, 어떤 사람한테서 성공한 사람에게만 있는 특징 A를 발견했을 때 우리는 그 사람이 성공할 가능성이 매우 높다고 판단하게 된다.

성공한 사람만을 대상으로 분석하는 방식은 아무리 그들의 특징을 정확하게 정리하고 분석하더라도, 분석 대상이 오직 성공한 사람들로만 한정되어서 의미 있는 결과를 도출하기 어렵다. 믿기 어렵다면, 지금 내가 하는 말을 잘 들어 보길 바란다.

"저는 이 자리에서 성공학의 논리에 따라 확실하게 말할 수 있습니다. 전 세계의 모든 성공한 사람을 조사한 결과, 그들 모두 예외 없이 한 가지 공통점을 가지고 있었습니다. 바로, 그들 모두 하루도 빠짐없이 밥을 먹었다는 사실입니다!" 이처럼 단순하고 당연한 사실도 성공학의 논리 속에서는 성공의 비결로 포장될 수 있다.

참고로 현재 통계적으로 성공한 사람과 평범한 사람의 차이점으로 알려진 몇 가지 특징이 있다. 이 특징들은 모두 성공한 사람과 평범한 사람을 동시에 분석하여 비교한 결과 밝혀진 것이다.

- 건강한 가정 교육 (통계적으로 성공한 사람들은 대체로 건강한 가정 교육을 받고 자랐다. 반면 평범한 사람 중에는 가정 교육이 결핍된 경우가 존재한다)
- 뛰어난 판단력 (통계적으로 성공한 사람들은 중요한 순간에 바른 판단을 내린 경우가 많다. 반면 평범한 사람 중에는 종종 잘못된 판단을 내리는 경우가 존재한다)
- 우수한 자기 통제력 (통계적으로 성공한 사람들은 자기 통제력이 뛰어나다. 반면 평범한 사람 중에는 자기 통제력이 부족한 경우가 많다)
- 원활한 인간관계 (통계적으로 성공한 사람들은 평범한 사람들보다 인간관계가 더 원만하다)

- 운 (성공한 사람들은 예기치 않은 행운을 경험하는 반면, 평범한 사람들의 실패 요인 중에는 정말 운이 부족했던 경우도 존재한다)

우리는 식 (4-1)을 통해 알 수 있다.

$$\begin{cases} P(A|H) = 1 \\ P(A|\overline{H}) = 0 \end{cases}$$

위 두 조건을 만족해야만, 사후 확률 $P(H|A) = 1$이 성립될 수 있다. 그렇다면 이 두 조건이 반드시 동시에 충족되어야 할까?

먼저 사후 확률을 구하는 식을 살펴보자.

$$P(H|A) = P(H) \times \frac{P(A|H)}{P(A|H)P(H)+P(A|\overline{H})P(\overline{H})}$$

보다시피, 사후 확률 $P(H|A) = 1$이 성립하려면 $P(A|\overline{H}) = 0$이기만 하면 충분하다. 반면 $P(A|H) = 1$ 조건은 반드시 충족되어야 할 필요는 없다.

좀 더 엄밀히 말하자면, 위 상황에서 반드시 $P(A|H) = 1$일 필요는 없으며, $P(A|H)$가 0이 아니기만 하면 된다(만약 $P(A|H) = 0$이 되면, 위 식의 우변 분모가 0이 되므로 여전히 $P(H|A) = 1$을 보장할 수 없다).

이를 통해 우리는 다음과 같은 사실을 알 수 있다. 만약 특징 A를 평

     4 베이즈 정리의 구성 요소 ②: 관측

범한 사람들에게서 전혀 찾을 수 없는 경우 $P(A|\overline{H}) = 0$가 성립한다. 그런데 특징 A가 일부 성공한 사람들에게서 발견된다면 $P(A|H) \neq 0$이 성립된다. 즉, 만약 어떤 사람에게서 특징 A를 발견했다면, 그 사람은 성공할 확률이 매우 높다고 볼 수 있다.

정리해 보면, 사전 확률 $P(H)$가 매우 낮을 경우 다음 조건을 만족하는 특징 A는 사후 확률 $P(H|A)$를 1로 높일 수 있다.

$$\begin{cases} P(A|H) \neq 0 \\ P(A|\overline{H}) = 0 \end{cases} \qquad (4\text{-}3)$$

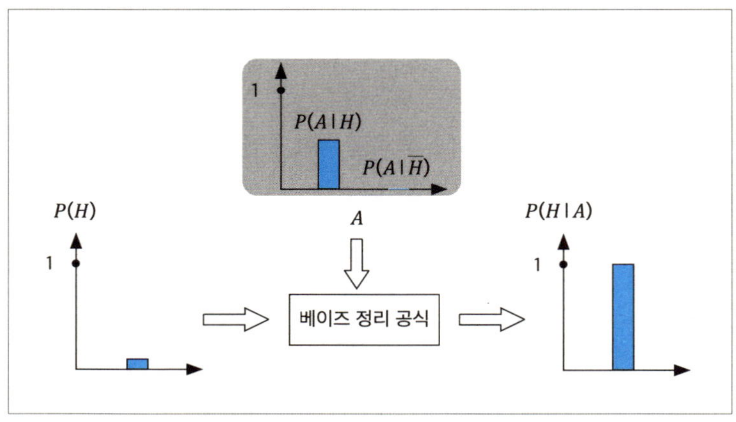

[그림 4.3] H를 강력하게 지지하는 증거 A

식 (4-3)을 하나의 식으로 표현하면 다음과 같다.

$$\frac{P(A|\overline{H})}{P(A|H)} = 0 \tag{4-4}$$

식 (4-4)를 만족하는 특징 A는 H를 강력하게 지지하는 증거(혹은 $\overline{H}$를 강력히 반박하는 증거)라고 말할 수 있다. 이 말의 의미를 좀 더 이해하기 쉽게 설명하자면, 어떤 관측된 현상이 특정 가설 H로는 완벽히 설명되지 않더라도(즉, $P(A|H) \neq 0$), 다른 가설로는 전혀 설명이 되지 않는다면(즉, $P(A|\overline{H}) = 0$) 가설 H에 대한 믿음은 크게 증가하게 된다.

『셜록 홈스의 사건집』에 수록된 〈네 개의 서명The Sign of Four〉에서 셜록 홈스는 이렇게 말했다. "모든 불가능한 것을 제거하고 마지막에 남은 것이 설령 논리에 맞지 않더라도, 그것이 진실이다When you have eliminated the impossibles, whatever remains, however improbable, must be the truth." 이 말이 바로 위에서 설명한 논리와 같은 맥락이다.

2) 사전 확률이 매우 높을 때, 관측을 통해 사후 확률이 0으로 떨어지는 경우

사전 확률 $P(H)$가 매우 높은 경우, 특징 A가 어떤 조건을 만족해야 사후 확률 $P(H|A)$가 0이 될 수 있을까?

사람들은 직관적으로 이렇게 생각할 것이다. A가 H로는 전혀 설명이 되지 않아야 사후 확률 $P(H|A)$가 0이 될 것이다.

그렇다면 성공한 사람과 평범한 사람을 예로 들어 보자. 한 사람에게서 어떤 특징을 관찰했을 때, 그 특징이 어떤 특징이어야 그가 미래에서

　　　　　　　4 베이즈 정리의 구성 요소 ②: 관측

절대 성공하지 못할 것이라고 판단할 수 있을까?

많은 사람이 이렇게 생각할 것이다. 만약 어떤 사람에게 모든 성공한 사람에게서는 전혀 나타나지 않는 특징 A(예: 게으름)가 있다면, 그 사람은 절대 성공할 수 없을 것이다.

모든 성공한 사람에게서 특징 A가 나타나지 않는다는 사실을 수학적으로 표현하면 $P(A|H) = 0$이 된다. 그렇다면 $P(A|H) = 0$이면 $P(H|A) = 0$이 될 수 있을까?

$P(A|H) = 0$을 사후 확률 공식에 대입해 보자.

$$P(H|A) = P(H) \times \frac{P(A|H)}{P(A|H)P(H) + P(A|\overline{H})P(\overline{H})}$$

겉보기에는 위의 답이 맞는 것처럼 보인다. 하지만 조금 더 자세히 살펴보면 조건이 하나 더 필요하다는 것을 알 수 있다. 그 조건은 바로 $P(A|\overline{H}) \neq 0$이다(식의 우변에서 분모가 0이 되면 안 된다. 그렇지 않으면 전체 사후 확률을 0으로 만들 수 없다).

이 두 조건을 종합해 보면 다음과 같은 결론에 도달한다. 어떤 사람에게서 특징 A가 관찰되었는데 그 A는 모든 성공한 사람들에게는 없는 특징, 즉 $P(A|H) = 0$이다. 반면 일부 평범한 사람들에게는 있는 특징, 즉 $P(A|\overline{H}) \neq 0$다. 그렇다면 유감스럽게도 이 사람은 앞으로 평범한 사람이 될 가능성이 더 높다고 말할 수 있다.

지금까지의 내용을 정리해 보자. 사전 확률 $P(H)$가 매우 높은 경우, 특징 A가 다음 조건을 만족한다면 사후 확률 $P(H|A)$를 0으로 만들 수 있다([그림 4.4] 참조).

$$\begin{cases} P(A|H) = 0 \\ P(A|\overline{H}) \neq 0 \end{cases} \qquad (4\text{-}5)$$

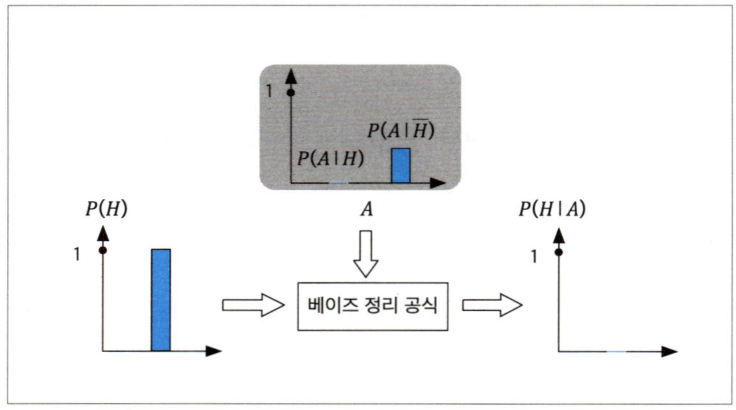

[그림 4.4] H를 강력히 반박하는 증거 A

식 (4-5)를 하나의 식으로 압축하면 다음과 같이 표현할 수 있다.

$$\frac{P(A|H)}{P(A|\overline{H})} = 0 \qquad (4\text{-}6)$$

식 (4-6)을 만족하는 특징 A는 H를 강하게 반박하는 증거(혹은 $\overline{H}$를 강

      4 베이즈 정리의 구성 요소 ②: 관측

하게 지지하는 증거)라고 볼 수 있다.

따라서 어떤 관점에 대한 신뢰도를 낮추고자 한다면, 단순히 그 관점을 논리적으로 설명하지 못하는 증거를 찾는 것만으로는 충분하지 않다. 해당 증거가 다른 관점에서는 명확하게 설명될 수 있어야 한다. 마찬가지로, 누군가를 깎아내리고자 한다면 단순히 그 사람의 잘못을 지적하는 것만으로는 충분하지 않다. 그 사람과 비교할 수 있는 타당한 모범 대상을 함께 제시해야 한다.

예를 들어 보자. 『사기史记』에서 묘사된 유방劉邦의 이미지는 전형적인 영웅의 모습과는 거리가 멀었다. 그는 매일같이 불량배 무리와 어울려 술과 여색을 즐기며 살았다.

"유방은 사수정泗水亭의 정장亭長이라는 관리직을 맡게 되었는데, 관아의 관리들을 함부로 대했으며 주색을 밝혔다及狀，試為吏，為泗水亭長，廷中吏無所不狎，好酒及色."

『사기』에는 유방의 몇 가지 흑역사도 기록되어 있다. 가령 유방은 항우項羽와 싸우다 도망치던 중 자기 자식들을 수레에서 밀어버린 일이 있었다. 또한 유방은 항우가 자신의 아버지를 인질로 삼아 협박할 때도 오히려 항우를 비웃으며 이렇게 응수했다. "나의 아버지가 곧 네 아버지이기도 하니, 네가 굳이 네 아버지를 삶아 먹겠다면, 내게도 한 그릇 보내주길 바란다."

하지만 이러한 기록들만으로는 유방의 '망나니' 이미지를 부각시키기 어렵다. 유방의 이런 이미지를 더 강하게 부각시키려면 그와 대조적인 인물이 존재해야 한다. 그리고 그 역할을 맡은 인물이 바로 항우다.

항우는 유방과 모든 면에서 대조적이다. 항우는 집안 대대로 초나라 장군을 배출한 귀족 가문 출신으로, 성격이 솔직하고 시원스러운 인물이다. 비록 유방과의 싸움에서 최후에는 패배했지만, 그의 이야기는 '패왕별희霸王別姬'와 같은 전설적인 일화로 남아 있다.

이처럼 어떤 사람의 특징을 부각시키기 위해 그와 상반된 특징을 가진 대조적인 인물을 세우는 방식은 우리 일상에서도 흔히 사용된다. 가령 어린 시절 부모님이 우리를 꾸짖으면서 "너 이 습관 반드시 고쳐라." 라고 하는 말 뒤에는 항상 이런 말이 따라왔을 것이다. "너희 반의 ○○을 봐 봐. 왜 너는 그 아이처럼 못하니?"

종합해 보면, 다음 두 가지 상황에서 관측된 사실 '특징 A'는 정보량이 아주 크다고 말할 수 있다.

$$\begin{cases} H\text{를 강하게 지지하는 경우: } \dfrac{P(A|\overline{H})}{P(A|H)} = 0 \\[2mm] H\text{를 강력히 반박하는 경우: } \dfrac{P(A|H)}{P(A|\overline{H})} = 0 \end{cases} \qquad (4\text{-}7)$$

여기서 우리는 정보량이 큰 관측이 모두 '배타성'을 가진다는 사실을 알 수 있다. 배타성이란, 어떤 현상을 관측했을 때 그 현상은 오직 하나

     4 베이즈 정리의 구성 요소 ②: 관측

의 원인만으로 설명될 수 있으며, 다른 원인들은 이를 전혀 설명할 수 없다는 것을 의미한다. 즉, 이러한 특성을 가진 관측이 곧 정보량이 큰 관측이라고 말할 수 있다.

4.1.2 정보량이 작은 관측

정보량이 작은 관측을 수학적으로 풀이하면, 사전 확률 $P(H)$와 사후 확률 $P(H|A)$가 동일한 경우를 의미한다. 즉, $P(H) = P(H|A)$로 쓸 수 있다. 이는 A를 관측하기 전과 후에도 H에 대한 인식이 달라지지 않았음을 의미한다.

베이즈 정리의 사후 확률 공식을 살펴보자.

$$P(H|A) = P(H) \times \frac{P(A|H)}{P(A|H)P(H) + P(A|\overline{H})P(\overline{H})}$$

여기서 $P(A|H) \approx P(A|\overline{H})$일 경우, 사전 확률과 사후 확률은 동일해진다. 좀 더 구체적으로 설명하자면, $P(A|H) = P(A|\overline{H}) = a$이며 a는 $0 \leq a \leq 1$인 수라고 가정했을 때, 사후 확률 공식은 다음과 같이 나타낼 수 있다.

$$P(H|A) = P(H) \times \frac{a}{aP(H) + aP(\overline{H})}$$
$$= P(H) \times \frac{1}{P(H) + P(\overline{H})}$$

가능성이 있는 모든 원인의 사전 확률의 합은 1이므로, 이때 $P(H|A) = P(H)$가 성립한다. 그렇다면 마찬가지로 $P(A|H) = P(A|\overline{H})$라는 조건도 하나의 식으로 압축할 수 있다.

$$\frac{P(A|H)}{P(A|\overline{H})} = 1 \tag{4-8}$$

우리는 식 (4-8)을 만족하는 A를 정보량이 없는 관측(또는 증거)이라고 말할 수 있다.

쉽게 말해, A라는 관측 결과가 상반된 두 가지 가설을 모두 뒷받침할 수 있다는 의미다. 또한 이는 A가 어느 특정 가설도 특별히 지지하지 않는다는 것을 의미한다. 즉, A라는 관측 결과는 배타성을 가지지 않는다.

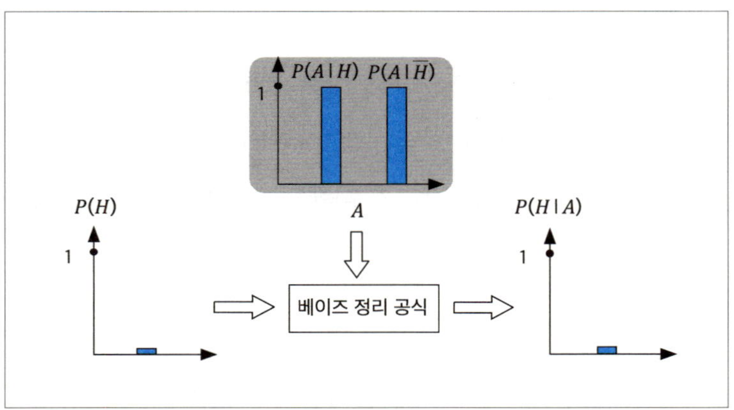

[그림 4.5] 어떤 관측 결과가 특정 관점으로 잘 설명이 된다고 해도, 다른 관점으로도 그 관측 결과를 잘 설명할 수 있다면 그 관점에 대한 신뢰도는 높아지지 않는다.

두 가지 극단적인 경우를 예로 들어 보자. [그림 4.5]에서처럼, 사전 확률 $P(H)$가 매우 낮은 경우 A가 H를 완벽하게 설명한다고 해서(즉, $P(A|H) = 1$) 반드시 H의 사후 확률이 증가하는 것은 아니다. 왜냐하면 $\overline{H}$ 역시 A를 잘 설명할 수 있기 때문이다.

반대로 [그림 4.6]에서처럼 사전 확률 $P(H)$가 매우 높을 때, H가 A로는 전혀 설명되지 않는다(즉, $P(A|H) = 0$)고 해서 반드시 H의 사후 확률이 낮아지는 것은 아니다. 왜냐하면 $\overline{H}$ 역시 A로는 설명이 안 될 가능성이 높기 때문이다.

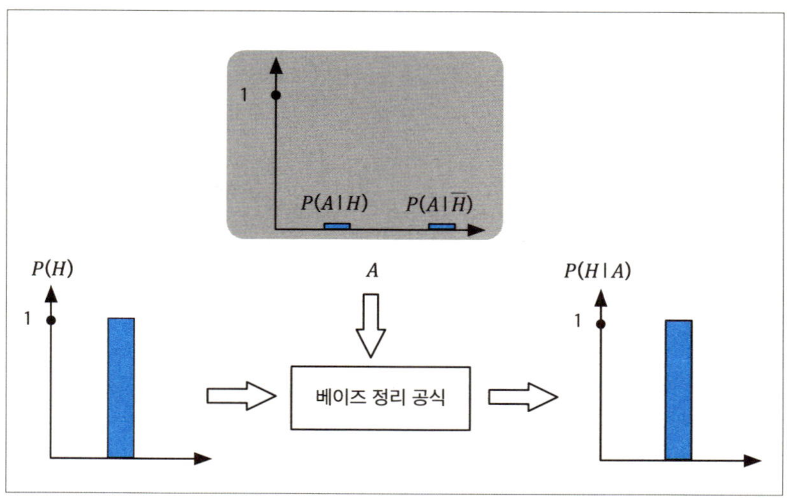

[그림 4.6] 어떤 관측 결과가 특정 관점으로는 설명이 잘 안된다고 해도, 그 관점에 대한 신뢰도가 반드시 낮아지는 것은 아니다. 왜냐하면 다른 관점으로도 그 관측 결과를 설명하지 못할 수 있기 때문이다.

어떤 관측의 정보량은 그 관측이 사전 확률을 얼마나 크게 변화시키는지에 따라 달라진다. 사전 확률이 크게 조정될수록 해당 관측의 정보량도 커진다.

베이즈 공식을 이용한 연역 추론에 따르면, 관측의 정보량은 특정 원인이 어떤 관측을 얼마나 절대적으로 잘 설명할 수 있는지에 따라 결정되는 것이 아니라, 다른 원인들과 비교했을 때 상대적으로 얼마나 더 잘 설명할 수 있는지에 따라 결정되는 것이다([그림 4.7] 참조).

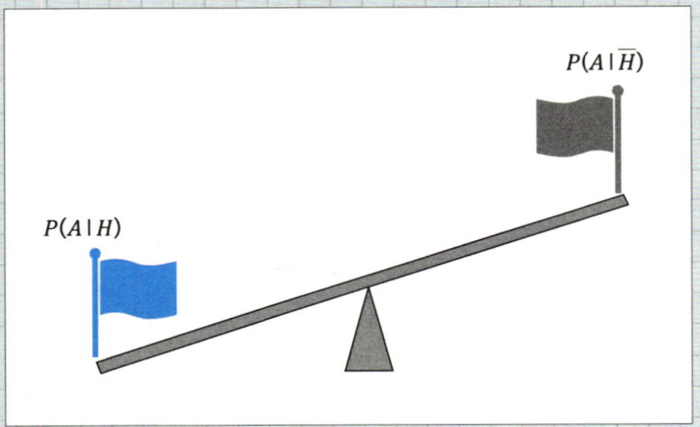

[그림 4.7] 어떤 현상이 발생했을 때, 그 현상을 설명할 수 있는 여러 가지 원인 중 상대적으로 그 현상을 가장 잘 설명할 수 있는 원인이 무엇인지에 따라 관측의 정보량이 결정된다.

간단히 말해, 내가 가진 특징을 다른 사람도 가지고 있다면, 그 특징만으로 내가 다른 사람보다 더 뛰어나다고 할 수 없다. 마찬가지로 나에게 없는 특징이 다른 사람에게도 없다면, 그 이유로 내가 다른 사람보다 더 부족하다고 할 수 없다.

오직 남에게는 없지만 나에게는 있거나 남한테는 있지만 나한테는 없는 특징만이 배타성을 가지며, 나와 남을 구분할 수 있다. 또한 이러한 특징만이 정보량을 가질 수 있다.

이는 '얼마나 많고 적은지를 걱정하지 말고 '불균형(상대적인 차이)'을 걱정해라'라는 철학적 통찰을 수학적으로 설명한 것이다.

침착하고 평정심을 유지하는 사람이 되고 싶다면 반드시 자신의 사전 확률을 객관적이고 현실적으로 설정해야 한다. 만약 어떤 현상을 관측하기 전의 사전 확률이 그 현상을 관측한 후의 사후 확률과 거의 같다면, 그 관측은 당신한테 큰 정보량을 제공하지 못한 것이다. 그러므로 이럴 때는 담담하게 웃으며 이렇게 말하면 된다.

"아, 그건 이미 내가 예상했던 일이야."

4.2

엘리베이터에서 마주친 여성

이번에는 관측을 통해 얻는 정보량을 일상적인 예시를 통해 설명해 보겠다.

4.2.1 스타의 이미지는 어떻게 바뀔까?

먼저 스타를 예로 들어 보자. 모든 스타는 그들을 좋아하는 '팬'과 그들을 싫어하는 '안티팬', 그리고 그들에 대해 잘 모르는 '일반인'으로부터 평가를 받는다.

편의상 대중이 스타를 평가하는 기준이 단 두 가지라고 가정하자.

(1) 선량한 마음을 가졌다.

(2) 인성이 나쁘고, 보여 주기식 행동을 한다.

일반인이 생각하는 스타의 이미지는 '선량한 마음을 가진 사람' 또는 '인성이 나쁘고, 보여 주기식 행동을 하는 사람'이라는 두 가지 인식이 대체로 비슷한 비중으로 나뉘며, 그 비율은 대략 50:50이다.

그렇다면 일반인이 생각하는 스타의 이미지를 확연히 개선하려면 어떤 새로운 증거가 필요할까? 예를 들어 스타가 다음과 같은 행동을 한 사실이 알려졌다고 가정해 보자.

- 10여 년간 남몰래 빈곤 지역 내 100개 학교에 장학금을 기부했다.

- 주변의 장애인들에게 지속적으로 관심을 기울이고 도움을 주었다.

- 재난 상황에서 목숨을 걸고 사람들을 구했다.

이러한 행동은 '인성이 나쁘고, 보여 주기식 행동을 한다'라는 이유로는 전혀 설명되지 않는다. 반면 '선량한 마음을 가졌다'라는 이유로는 충분히 설명 가능한 행동들이다.

만약 $H=$'선량한 마음을 가졌다', $\overline{H}=$'인성이 나쁘고 보여 주기식 행동을 한다'라고 가정한다면, 위의 행동들은 H를 강력하게 지지하는 증거가 된다. 위의 행동들은 다음 조건을 만족한다.

$$\frac{P(A|\overline{H})}{P(A|H)} = 0$$

따라서 스타가 위와 같은 행동을 한 사실이 알려지면(즉, 위와 같은 증거가 새롭게 추가되면), 일반인의 마음속에서 스타에 대한 긍정적인 이미지는 크게 상승하게 된다.

반대로 스타가 다음과 같은 행동을 했다고 가정해 보자.

- 직원들을 함부로 대했다.

- 사석에서 다른 사람을 험담한 녹음 파일이 공개되었다.

- 탈세를 해서 벌금을 부과받았다.

- 국가법을 위반해 체포되었다.

위의 행동들은 '선량한 마음을 가졌다'라는 이유로는 전혀 납득이 되지 않지만, '인성이 나쁘고, 보여 주기식 행동을 한다'라는 이유로는 어느 정도 설명이 가능하다.

따라서 위의 행동들은 H를 강력하게 반박하는 증거가 된다. 아울러 스타가 위와 같은 행동을 한 사실이 알려지면 일반인의 마음속에서 스타에 대한 긍정적인 이미지는 크게 하락하게 된다. 따라서 위의 행동들은 다음 조건을 만족한다.

$$\frac{P(A|H)}{P(A|\overline{H})} = 0$$

마지막으로, 스타가 다음과 같은 행동을 했다고 가정해 보자.

- 최근 빈곤 지역의 학교에 장학금을 기부했다.

- 모금 행사에서 돈을 기부했다.

- 공공장소에서 자신의 가족을 모욕한 진행자를 때렸다.

위의 행동들은 '선량한 마음을 가졌다'와 '인성이 나쁘고, 보여 주기식 행동을 한다'라는 두 가지 이유로 모두 설명이 가능하며, 논리적으로도 동등한 수준의 타당성을 지닌다. 따라서 위의 행동들은 다음 조건을 만족한다.

$$\frac{P(A|H)}{P(A|\overline{H})} = 1$$

결론적으로 위의 행동들은 스타에 대한 일반인의 인식에 변화를 일으키지 못한다. 즉, 위의 행동들은 정보량이 없다고 봐도 무방하다.

4.2.2 두 아이의 논쟁

다음은 고대 중국 철학서인『열자列子』에 등장하는 이야기다.

공자가 동쪽 지역을 유람하던 중 두 아이가 논쟁하는 것을 보게 되었다. 공자가 그들에게 다투는 이유를 묻자 한 아이가 말했다.

"저는 아침에 해가 떠오를 때 해가 사람에게 가까워지고, 중천에 떠 있을 때는 사람에게서 멀어진다고 생각해요."

그러자 다른 아이가 말했다.

"저는 해가 아침에 떠오를 때는 사람에게서 멀어지고, 중천에 떠 있을 때는 사람에게 가까워진다고 생각해요."

이어 처음에 답한 아이가 말했다.

"해가 아침에 떠오를 때는 수레 덮개만큼 크게 보이지만, 중천에 떠 있을 때는 접시 크기만큼 작게 보입니다. 해가 가까이 있으니 크게 보이고, 멀리 있으니 작게 보이는 게 아니겠습니까?"

이에 질세라 다른 아이가 말했다.

"해가 아침에 떠오를 때는 몸이 으스스 춥지만, 중천에 떠 있을 때는 뜨겁다는 느낌이 들 정도로 덥습니다. 해가 가까이 있으니 덥게 느껴지고, 멀리 있으니 춥게 느껴지는 게 아니겠습니까?"

공자가 누구의 말이 옳은지 결론을 내리지 못하자, 두 아이가 웃으며 말했다.

"대체 누가 선생님을 보고 지혜롭다고 하던가요?"

비록 두 아이는 공자를 놀리는 데 성공했지만, 자세히 살펴보면 두 아이 모두 같은 오류를 범했다. 그들이 자신의 주장을 증명하기 위해 제시한 근거는 겉보기에 각자의 논리를 뒷받침하는 듯하지만, 상대방의 주장에도 똑같이 적용될 수 있다. 결국 그들이 내세운 근거들은 어느 한쪽의 주장을 배타적으로 지지하지 못하므로, 각자의 주장을 뒷받침할 수 없다.

그럼 이제 첫 번째 아이가 어떻게 추론을 전개했는지 살펴보자. 편의를 위해 주장을 두 가지로만 나누겠다.

H = 태양과 사람의 거리가 아침에는 가까워지고, 정오에는 멀어진다
$\overline{H}$ = H와 다른 주장들의 집합

첫 번째 아이가 제시한 증거 A는 다음과 같다. "해가 아침에 떠오를 때는 수레 덮개만큼 커 보이지만, 해가 중천에 떠 있을 때는 접시 크기

 4 베이즈 정리의 구성 요소 ②: 관측

만큼 작아진다." 그 아이는 자신이 관찰한 이 현상을 근거로 가설 H가 옳다고 주장한다. 그의 추론을 한마디로 정리하면 다음과 같다. "가설 H는 A 현상을 잘 설명해 준다. 따라서 A 현상이 관찰되었다면 가설 H는 옳다."

그러나 우도와 사후 확률의 차이를 이해한 사람이라면, 첫 번째 아이의 추론에 문제가 있음을 금방 깨달을 수 있다.

물론 '태양과 사람의 거리가 아침에 가까워지고, 정오에는 멀어진다'라는 가설은 '해가 아침에 떠오를 때는 수레 덮개만큼 커 보이지만, 해가 중천에 떠 있을 때는 접시 크기만큼 작아진다'라는 현상을 잘 설명해 준다. 하지만 이 현상을 관찰했다고 해서 반드시 '태양과 사람의 거리가 아침에는 가까워지고, 정오에는 멀어진다'라고 결론을 내릴 수는 없다. 왜냐하면 이 현상을 설명할 수 있는 또 다른 해석이 존재하기 때문이다. 바로 '폰조 착시Ponzo illusion'다.

폰조 착시는 1911년 이탈리아 심리학자 마리오 폰조Mario Ponzo가 발견한 현상이다. 그는 태양뿐 아니라 달과 밤하늘의 별도 지평선 근처에 있을 때가 하늘 높이 있을 때보다 크기가 더 커 보인다는 사실을 발견했다.

이후 과학자들은 과학적 근거와 이론을 바탕으로 폰조 착시에 대해 더욱 구체적인 해석을 제시했다. 그들의 연구에 따르면, 폰조 착시가 일어나는 이유는 사람이 물체의 크기를 인식할 때 대뇌의 무의식이 더 멀리 있는 물체의 크기를 확대하는 경향이 있기 때문이다. 그래서 대부분의 사람은 지평선 근처에 있는 물체가 머리 위에 떠 있는 물체보다 더 멀리 떨어져 있다고 인식한다(대부분의 사람이 지평선 근처에 있는 구름이 머리 위에 떠 있는 구름보다 훨씬 멀리 있다고 생각하는 것과 같은 맥락이다. 그러나 실제로 두 구름은 거의 비슷한 거리만큼 떨어져 있다). 즉, 지평선 근처의 태양(아침의 태양)과 머리 위에 떠 있는 태양(정오의 태양)은 실제로 비슷한 거리만큼 떨어져 있음에도 불구하고, 우리의 대뇌는 지평선 근처의 태양이 더 멀다고 여기며 무의식적으로 그 크기를 확대해서 인식한다.

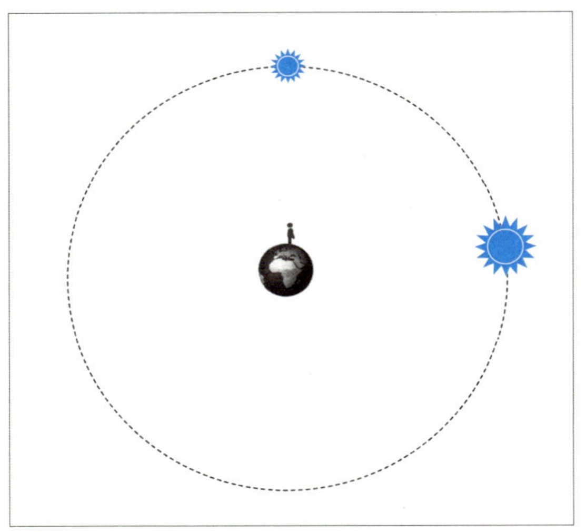

[그림 4.8] 우리의 대뇌는 지평선 근처의 물체가 머리 위에 떠 있는 물체보다 멀리 있다고 인식한다.

정리하자면, '태양과 사람의 거리가 아침에 가까워지고, 정오에는 멀어진다'라는 가설은 '해가 아침에 떠오를 때는 수레 덮개만큼 커 보이지

　　　　　　　　　　4 베이즈 정리의 구성 요소 ②: 관측

만, 해가 중천에 떠 있을 때는 접시 크기만큼 작아진다'라는 현상을 잘 설명해 준다. 그러나 이 현상은 '폰조 착시'라는 관점으로도 충분히 해석될 수 있다. 따라서 '해가 아침에 떠오를 때는 수레 덮개만큼 크게 보이지만, 해가 중천에 떠 있을 때는 접시 크기만큼 작아진다'는 현상이 '태양과 사람의 거리가 아침에 가까워지고, 정오에는 멀어진다'라는 가설을 입증하는 배타적인 증거가 될 수 없다. 그러므로 이 현상만으로는 '태양과 사람의 거리가 아침에 가까워지고, 정오에는 멀어진다'라는 결론은 내릴 수 없다.

두 번째 아이의 경우도 마찬가지다. 그는 '해가 아침에 뜰 때는 몸이 으스스 춥지만, 해가 중천에 떴을 때는 뜨겁다는 느낌이 들 정도로 덥다'라는 현상을 근거로 '태양과 사람의 거리가 아침에는 멀고 정오에는 가깝다'라는 가설이 옳다고 주장한다. 그러나 이 추론에도 문제가 있다. 왜냐하면 '해가 아침에 뜰 때는 춥고, 해가 중천에 떴을 때는 덥다'는 현상은 '태양의 조사 각도와 열에너지 축적 효과'라는 이론으로도 충분히 설명될 수 있기 때문이다. 구체적으로 살펴보면, 아침에는 태양의 조사 각도가 작고 지면에 태양 에너지가 충분히 축적되지 않은 상태이기 때문에 기온이 서늘하게 느껴진다. 반면 정오에는 태양의 조사 각도가 커지고 지면에 누적된 태양열 에너지로 인해 기온이 상승하면서 덥다고 느끼는 것이다.

정리하자면, '태양과 사람의 거리가 아침에는 멀고 정오에는 가깝다'

라는 가설은 '해가 아침에 뜰 때는 춥고, 해가 중천에 떴을 때는 덥다'라는 현상을 잘 설명해 주지만, 이 현상은 '태양의 조사 각도와 열에너지 축적 효과'라는 또 다른 관점으로도 설명될 수 있다. 따라서 '해가 아침에 뜰 때는 춥고, 해가 중천에 떴을 때는 덥다'는 현상은 '태양과 사람의 거리가 아침에는 멀고 정오에는 가깝다'라는 가설을 뒷받침하는 배타적인 증거가 될 수 없다.

또한 실제로 아침의 뜬 태양과 정오의 태양이 사람으로부터 떨어져 있는 거리는 거의 차이가 없다.

4.2.3 엘리베이터에서 마주친 여성이 나를 보고 웃었다

어느 날 회사 건물 엘리베이터에서 우연히 고개를 돌렸는데 다른 회사의 여직원이 나를 보고 웃었다고 가정하자. 이 순간, 당신은 무의식적으로 이렇게 생각할 것이다. "혹시 그녀가 날 좋아하는 걸까?"

그럼 지금부터 베이즈 정리를 이용해 이 상황을 분석해 보자. '한 여성이 나를 보고 웃었다'라는 관측이 이뤄졌을 때, 이 관측이 '그녀는 나를 좋아한다'는 확률을 얼마나 높일 수 있을지 살펴보자.

그 여성이 당신을 보고 웃는 모습을 관측하기 전 그녀가 나를 좋아할 확률, 즉 사전 확률을 P(그녀는 나를 좋아한다)라고 정하자. 이제 여기에 '그녀가 나를 보고 웃었다'는 관측을 추가하면 사후 확률은 [그림 4.9]와 같은 형태로 표현할 수 있다.

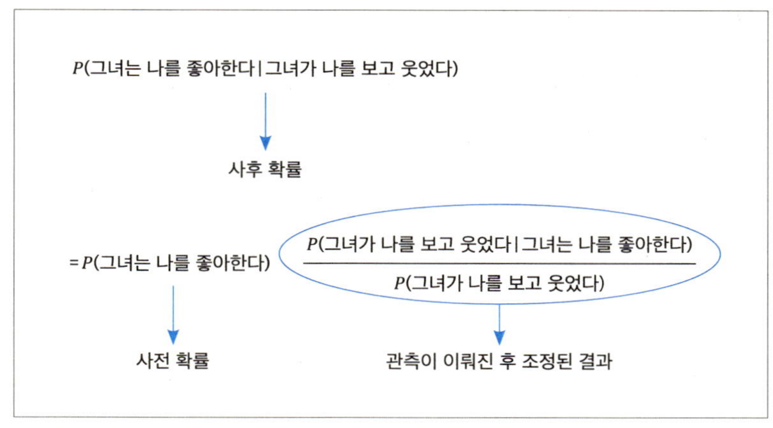

[그림 4.9] 관측이 이뤄지기 전후의 변화

'그녀가 나를 보고 웃었다'라는 관측이 가져온 확률 변화는 다음과 같다.

$$\frac{P(\text{그녀가 나를 보고 웃었다} \mid \text{그녀는 나를 좋아한다})}{P(\text{그녀가 나를 보고 웃었다})} \tag{4-9}$$

여기서 우리는 '그녀가 나를 보고 웃었다'라는 관측 뒤에 두 가지 가설이 있다고 가정해 보자. 그녀가 나를 좋아하거나, 또는 좋아하지 않는 경우다.

식 (4-9)의 분모에 있는 확률 P(그녀가 나를 보고 웃었다)는 '그녀가 나를 좋아한다'와 '그녀는 나를 좋아하지 않는다'라는 두 가지 경우를 모두 고려하여 계산된 '그녀가 나를 보고 웃을 확률'을 의미한다. 즉, 다음과 같이 나타낼 수 있다.

$$P(\text{그녀가 나를 보고 웃었다})$$

$$= P(\text{그녀가 나를 보고 웃었다} \mid \text{그녀는 나를 좋아한다})$$

$$\times P(\text{그녀는 나를 좋아한다})$$

$$+ P(\text{그녀가 나를 보고 웃었다} \mid \text{그녀는 나를 좋아하지 않는다})$$

$$\times P(\text{그녀는 나를 좋아하지 않는다}) \tag{4-10}$$

자, 그럼 지금부터 두 가지 가설로 나누어 각각의 상황을 분석해 보자.

상황 1:

만약 이 여성이 평소에 좋아하지 않는 사람에게는 절대 웃지 않고, 좋아하는 사람에게는 웃을 가능성이 있다는 것을 알고 있다고 가정해 보자.

$$\begin{cases} P(\text{그녀가 나를 보고 웃었다} \mid \text{그녀는 나를 좋아하지 않는다}) = 0 \\ P(\text{그녀가 나를 보고 웃었다} \mid \text{그녀는 나를 좋아한다}) \neq 0 \end{cases}$$

이 경우, '그녀가 나를 보고 웃었다'라는 관측은 '그녀가 나를 좋아한다'라는 가설을 강력하게 지지하는 배타적 증거가 된다. 따라서 식 (4-10)에서 우변의 두 번째 항의 값은 0이 되고, 사후 확률은 다음과 같이 바뀐다.

$$P(\text{그녀는 나를 좋아한다} \mid \text{그녀가 나를 보고 웃었다})$$
$$= P(\text{그녀는 나를 좋아한다}) \times \frac{1}{P(\text{그녀는 나를 좋아한다})} = 1$$

다만 처음에는 그녀가 당신을 좋아하는지 알 수 없으므로 그녀가 당신을 좋아할 확률과 당신을 좋아하지 않을 확률을 반반으로 가정할 수 있다.

$$P(\text{그녀는 나를 좋아한다}) = P(\text{그녀는 나를 좋아하지 않는다}) = \frac{1}{2}$$

이러한 상황에서 '그녀가 나를 보고 웃었다'라는 관측의 정보량은 매우 크다(확률이 $\frac{1}{2}$에서 1로 상승). 즉, 평소에 잘 웃지 않는 여성이 당신을 보고 웃었다면 이 신호를 주목할 필요가 있다. 왜냐하면 그녀가 당신을 좋아할 가능성이 높기 때문이다.

상황 2:

하지만 이 여성이 원래부터 누구에게나 잘 웃는 활발한 성격이라는 사실을 알고 있다면 상황은 달라진다.

$$\begin{cases} P(\text{그녀가 나를 보고 웃었다} \mid \text{그녀는 나를 좋아한다}) = 1 \\ P(\text{그녀가 나를 보고 웃었다} \mid \text{그녀는 나를 좋아하지 않는다}) = 1 \end{cases}$$

이 경우, '그녀가 나를 보고 웃었다'라는 관측으로 인해 식 (4-9)는 다음과 같이 바뀌게 된다.

$$\frac{\dfrac{P(\text{그녀가 나를 보고 웃었다} \mid \text{그녀는 나를 좋아한다})}{P(\text{그녀가 나를 보고 웃었다})}}{\dfrac{1}{P(\text{그녀는 나를 좋아한다})+P(\text{그녀는 나를 좋아하지 않는다})}} = 1$$

사후 확률은 다음과 같이 나타낼 수 있다.

$$P(\text{그녀는 나를 좋아한다} \mid \text{그녀가 나를 보고 웃었다})$$
$$= P(\text{그녀는 나를 좋아한다})$$

이는 '그녀가 나를 보고 웃었다'라는 관측이 이뤄진 뒤에도 사후 확률과 사전 확률이 동일하다는 것을 의미한다. 즉, 이 관측은 아무런 정보량도 제공하지 않는 증거라는 뜻이다.

이 예시를 베이즈적 관점에서 보면 다음과 같은 결론에 이른다. 한 여성이 당신을 보고 웃었다는 관측만으로는 그녀가 당신을 좋아할 확률을 높일 수 없다. 왜냐하면 그녀가 평소 다른 사람들을 보고도 자주 웃는지에 대한 추가적인 정보가 필요하기 때문이다. 즉, 특정 맥락에서만 나타나는 배타적인 증거(관측)가 제시되어야 유의미한 결론을 내릴 수 있다.

별자리와 '목발 장수의 속임수' 뒤에 숨겨진 수학의 원리

> **학생**: 제가 최근에 별자리학에 푹 빠졌거든요. 정말 그럴듯하게 들리더라고요.
>
> **선생님**: 별자리학은 사실 과학적 근거가 없는 이론이란다. 지금부터 베이즈 정리를 이용해 그 이유를 분석해 보자.

이번에는 한 가지 사기 수법 뒤에 숨겨진 수학적 원리를 이야기해 보려고 한다. 이 사기 수법의 핵심은 다음과 같다. 여러 가지 원인으로 해석이 가능한 증거를 찾아내고, 이를 이용해 특정 원인을 억지로 믿게 만드는 것이다.

하지만 베이즈 정리를 배운 독자라면 이런 사기 수법의 한계를 쉽게 간파할 수 있을 것이다. 누군가가 이런 수법으로 당신에게 어떤 관점을 주입하려고 한다면, 당신의 뇌는 곧바로 반응할 것이다. "제시된 이 증거들은 정보량이 없어서 저자의 주장을 전혀 뒷받침하지 못해!"

이해하기 쉽도록 별자리학과 〈목발 장수의 속임수^{賣拐}〉라는 단막극을 예로 들어 설명해 보겠다. 주변을 보면 별자리와 운세를 믿는 사람들이 상당히 많다. 이들은 자신의 별자리 설명을 보고, 마치 자신을 꿰뚫어 보는 듯한 느낌을 받는다. 그 결과 점술이나 예언에 푹 빠져들고, 자신의 특성과 운명이 이미 정해져 있다고 믿게 된다. 하지만 정말 그럴까?

지금부터 별자리학의 실체를 베이즈 정리를 이용해 파헤쳐 보겠다. 그 전에 먼저 '바넘 효과Barnum Effect'라는 심리 현상을 소개하겠다.

4.3.1 바넘 효과

1948년 미국의 심리학자 버트럼 포러Bertram Forer는 한 가지 흥미로운 실험을 진행했다. 그는 학생들에게 성격 테스트지를 나눠 주며, 이 테스트 결과로 각 학생의 성격을 파악할 수 있다고 말했다.

다음 날, 학생들은 포러가 작성한 성격 설명을 받아 보았다. 다음은 그중 한 학생의 성격을 묘사한 내용의 일부다.

"당신은 타인으로부터 인정받기를 원하면서도, 스스로에게 지나치게 엄격한 면이 있습니다. 몇 가지 성격적 결함이 있긴 하지만, 대부분은 극복할 수 있는 문제들입니다. 당신한테는 숨겨진 잠재력이 있지만, 아직 자신의 강점을 충분히 발휘하지는 못하고 있습니다. 겉보기에는 강인하고 빈틈없어 보이지만, 내면에는 불안과 걱정이 많습니다. 또한 자신이 일을 제대로 해냈는지 혹은 옳은 결정을 내렸는지에 대해 자주 의구심을 가지곤 합니다. 어떤 때는 외향적이고 사교적이지만 또 어떤 때는 내향적이고 신중하며 과묵한 모습을 보이기도 합니다…"

이후 포러는 학생들에게 자신이 받은 성격 분석 결과에 점수를 매겨 달라고 요청했다. 점수는 5점 만점 기준으로 매겨졌으며, 학생들이 매긴 점수의 평균은 4.25점(85%의 정확도)에 달했다.

그러나 사실 포러가 작성한 성격 묘사는 단 한 가지뿐이었고, 모든 학생이 동일한 내용을 받은 것이었다. 이것이 바로 바넘 효과다.

이후 많은 심리학자가 유사한 실험을 통해 바넘 효과를 증명했다. 이 실험들에서 공통으로 발견된 사실이 있다. 사람들은 포괄적이고 일반적인 성격 묘사를 봤을 때 그 내용이 자신의 성격을 정확하게 반영하고 있다고 믿는 경향이 있다. 심지어 그 묘사가 터무니없거나 자신과 전혀 맞지 않더라도, 이를 자신과 연관 지으려고 한다.

그렇다면 바넘 효과는 왜 나타나는 걸까? 그 이유는 크게 두 가지로 나뉜다.

첫째, 성격 테스트지 등에서 제공되는 개인의 성격에 관한 서술은 대개 모호하고 범용적으로 작성되므로 대다수 사람에게 적용될 수 있다. 둘째, 인간의 눈과 뇌는 선천적으로 '주의 편향attentional bias'을 가지도록 설계되어 있다. 쉽게 말해 사람들은 보고 싶은 것을 과장해서 받아들이고, 보기 싫은 것은 무시하는 경향이 있다. 특히 성격을 묘사하는 글을 읽을 때 이러한 현상이 두드러지게 나타난다. 예를 들어 사람들은 자신의 성격과 들어맞는 구절만 골라 읽고, 자신과 맞지 않은 설명은 무의식적으로 간과하게 된다. 이 역시 일종의 샘플링 편향biased sampling이다.

바넘 효과를 잘 이해했다면, 지금부터 베이즈 정리를 이용해 별자리학의 본질을 파헤쳐 보자.

4.3.2 베이즈적 사고로 분석하는 별자리

'양자리'에 대한 설명을 예로 들어 보겠다. 양자리에 대한 해석은 인터넷상에서 쉽게 찾을 수 있다.

별자리가 양자리인 사람들은 밝고 열정적인 성격을 지녔다. 속으로는 부끄러움을 느낄 때도 있지만, 겉으로는 여유롭고 당당한 모습을 보이는 경우가 많다. 이들은 자유로운 영혼을 지니고 있어 외부의 통제와 억압을 극도로 싫어한다. 낙관적인 태도를 타고났지만, 어떤 상황에서는 비관적으로 변하기도 한다. 마음속에 야망을 품고 있으며 모험 정신이 강해 도전을 두려워하지 않는다. 또한 목표가 정해지면 이를 이루기 위해 최선을 다한다. 그러나 인내심이 부족하거나 성급하고 충동적으로 행동하는 경향도 있다.

만약 당신이 양자리라면 이 설명이 마치 자신을 두고 하는 말처럼 느껴질 것이다. 이 말을 달리 표현하면 위 내용(A)은 양자리 사람들(H_1)의 성격과 특징을 잘 보여 준다. 이것을 확률로 표현하면 다음과 같이 나타낼 수 있다.

$$P(A|H_1) \approx 1$$

하지만 앞서 바넘 효과에서 배운 것처럼, 위와 같은 설명은 사실상 많은 사람에게 해당하는 이야기다. 따라서 양자리뿐 아니라 황소자리, 쌍둥이자리 등 모든 별자리의 사람들도 위 설명이 자신의 성격을 잘 묘사하고 있다고 느낄 가능성이 높다. 이 말을 확률적으로 표현하면, 양자리를 포함한 모든 12개의 별자리 사람들(H_1, H_2, H_3, ⋯, H_{12})의 특징이 A라는 설명으로 묘사가 가능하다는 뜻이다. 즉, 모든 별자리의 사람들에게서 A(특정 성격 묘사)를 관찰할 가능성(우도)은 전부 1에 가깝다.

$$P(A|H_1) \approx P(A|H_2) \approx P(A|H_3) \approx \cdots P(A|H_{12}) \approx 1 \qquad (4\text{-}11)$$

자, 이제 본론으로 들어가 보자. 어떤 사람이 자신의 성격이 A라는 설명과 잘 맞는다고 느낄 때 그 사람이 양자리일 확률은 얼마나 될까? 이 확률이 곧 사후 확률 $P(H_1|A)$이다. 베이즈 정리에 따라 사후 확률을 구하는 공식은 다음과 같다.

$$P(H_1|A) = P(H_1) \times \frac{P(A|H_1)}{P(A)} \qquad (4\text{-}12)$$

우선, 사전에 이 사람이 어느 별자리인지 모른다고 가정해 보자. 그렇다면 이 사람이 특정 별자리에 해당할 사전 확률은 $\frac{1}{12}$로 동일하다.

$$P(H_1) = P(H_2) = \cdots = P(H_{12}) = \frac{1}{12}$$

그다음, 식 (4-12)를 이용해 모든 별자리에서 A라는 성격과 특성이 나타날 가능성을 계산해 보자.

$$P(A) = P(A|H_1)P(H_1) + \cdots + P(A|H_{12})P(H_{12})$$
$$= \frac{P(A|H_1) + \cdots + P(A|H_{12})}{12} = 1$$

그럼 사후 확률은 다음과 같이 바뀐다.

$$P(H_1|A) = P(H_1) \times \frac{P(A|H_1)}{P(A)} = P(H_1) = \frac{1}{12}$$

즉, 그 사람이 양자리의 성격을 묘사한 글을 보고 자기 이야기라고 느끼더라도, 실제로 그가 양자리일 확률은 고작 $\frac{1}{12}$에 불과하다. 따라서 어떤 사람이 양자리에 관한 묘사를 보고 자신과 닮았다고 느끼더라도, 그 사람은 높은 확률로(정확히 말하자면 $\frac{11}{12}$의 확률로) 다른 별자리에 해당할 것이다. 결론적으로 양자리의 성격이나 특징을 묘사한 글은 그 사람에게 특별한 의미를 가지지 않는다.

이 결론은 다른 별자리에도 그대로 적용된다. 그리고 이는 곧 별자리학이 왜 과학적으로 신빙성이 없는지를 설명하는 근거이기도 하다.

별자리학은 매우 포괄적이고 일반적인 성격 묘사를 통해 다양한 원인이 특정 별자리의 특성을 설명할 수 있도록 구성한다. 그리고 이 과정에서 특정 원인을 선택적으로 강조하며, 이를 개인에게 설득력 있게 주입하는 방식으로 작동한다. 그러나 베이즈 정리에 따르면, 별자리학에서 제공하는 성격 묘사처럼 대부분의 사람에게 어느 정도 들어맞는 일반적인 정보는 정보량이 극히 작다. 그리고 정보량이 작은 증거나 현상은 특정 주장을 지지하는 배타적 증거로 사용될 수 없다.

4.3.3 목발 장수의 속임수

2001년 중국 공영방송국 CCTV에서 설 특집으로 방영된 〈목발 장수의 속임수〉라는 코미디 콩트를 얘기해 보겠다. 이 콩트는 한 마을의 사기꾼 자오번산이 어떻게 교묘한 수법으로 건강한 다리를 가진 요리사 판웨이에게 목발을 팔았는지를 유쾌하게 그린 이야기를 담고 있다.

[그림 4.10] 코미디 콩트 〈목발 장수의 속임수〉

콩트 내용 중 가장 흥미로운 대목은 자오번산이 판웨이에게 목발을 팔기 위해 판웨이가 자신에게 병이 있다고 믿게 만드는 과정에서 나눈 대화다. 다음은 두 사람의 대화 내용이다.

자오번산: 요즘 들어 몸 어딘가가 이전과 다르다고 느껴지지 않나요? 잘 생각해 봐요.

판웨이: 글쎄요⋯. 얼굴이 점점 붓는 느낌이 들기는 해요.

자오번산: 그쵸! 그런데 그건 진짜 문제가 아니에요. 얼굴이 붓는 이유가 뭔지 알아요?

판웨이: 뭔데요?

자오번산: 말초 신경이 손상돼서 얼굴 쪽이 붓는 거예요.

자오번산은 판웨이가 자기 말에 넘어오도록 만들기 위해, 일단 자신이 말하는 대로 움직여 볼 것을 요구했다.

자오번산: 자, 이렇게 해 봐요. 내 말 믿고 따라 해 봐요. 내 손을 따라 다리를 최대한 높게 들어 올렸다가 힘껏 내려 봐요. 어때요? 틀림없이 다리에 문제가 있다니까요. 이런, 오른쪽 다리가 짧네요!

판웨이는 자오번산의 지시에 따라 다리를 움직였다.

     4 베이즈 정리의 구성 요소 ②: 관측

자오번산: 멈춰요! 다리가 저리죠?

판웨이: 저리네요.

곧이어 자오번산은 판웨이에게 몇 걸음 걸어 보라고 시켰다. 안타깝게도 판웨이는 이미 다리를 절며 걷고 있었다.

그럼 지금부터 우리는 베이즈 정리를 이용해 자오번산의 속임수 뒤에 숨겨진 수학적 원리를 알아보자.

먼저 자오번산과 판웨이가 가장 처음 나눈 대화를 떠올려 보자. 처음에 자오번산은 "몸 어딘가가 이전과 다르다고 느껴지지 않나요?"라는 아주 일반적인 질문을 던졌다. 그러자 판웨이가 자오번산의 의도대로 '얼굴이 부었다'라는 사실을 떠올렸다. 그러자 자오번산은 곧바로 '말초 신경이 손상돼서 얼굴이 부은 것이다'라고 원인을 제시했다.

그러나 조금만 생각해 보면 얼굴이 부은 이유가 반드시 말초 신경이 손상되었기 때문이라고 단정할 수 없다. 왜냐하면 '말초 신경 손상'이 얼굴이 부은 원인이 될 수도 있지만, 다른 원인으로도 '얼굴이 부었다'라는 사실을 충분히 설명할 수 있기 때문이다. 가령 살이 쪄서 얼굴이 부어 보이는 것일 수도 있지 않겠는가?

다시 말해, '얼굴이 부었다'라는 사실은 배타성이 없는 정보로, 이는 정보량이 0에 가깝다는 것을 의미한다.

두 사람이 나눈 두 번째 대화 역시 같은 맥락에서 이루어진 속임수다. 자오번산이 판웨이에게 다리를 들어 올렸다가 내리는 동작을 하도록 시켰고, 판웨이는 다리가 저려 오자 자신이 정말 병에 걸렸다고 믿게 된다.

그러나 '다리를 들었다 내린 후 발이 저렸다'라는 사실은 '병이 있기 때문'이라는 이유만으로 설명되는 것은 아니다. 왜냐하면 건강한 사람도 같은 동작을 취하면 발이 저릴 수 있기 때문이다. 극 중 자오번산은 공범인 가오슈민에게도 이렇게 말한다. "그쪽도 한번 다리를 들었다 내려 봐요. 다리가 저릴걸요!"

결국 '다리를 들었다 내린 후 발이 저렸다'라는 사실 역시 배타적인 정보가 아니며, 이는 정보량이 전혀 없는 것과 다름없다.

결과적으로 자오번산은 정보량이 0인 두 사실만을 가지고 판웨이를 속이는 데 성공한 셈이다. 이는 사기꾼들이 흔히 사용하는 수법으로, 여러 가지 원인으로 설명될 수 있는 사실(또는 증거)을 찾아내 피해자에게 특정 원인을 강제로 주입하는 방식이다.

평소 우리는 이런 배타성이 없는 증거를 자주 접하게 된다. 그러나 이러한 증거는 정보량이 작고 신빙성이 떨어지므로, 이를 받아들일 때는 신중하게 판단해야 한다.

   4 베이즈 정리의 구성 요소 ②: 관측

'대가'의 말을 믿으면 안 되는 이유

지금까지 우리는 관측의 정보량에 대해 알아봤다. 이제 한 가지 중요한 이야기를 해 보려고 한다. 어떤 관점을 뒷받침하는 증거를 찾는 것은 아주 쉽다. 하지만 그 주장을 배타적으로, 즉 결정적으로 입증할 증거를 찾기는 훨씬 어렵다. 왜 그럴까?

4.4.1 배타적인 증거는 왜 찾기 어려운가?

누군가가 어떤 관점을 제기했을 때, '그 관점으로 설명이 되는 증거'를 찾는 일은 매우 쉽다. 그러나 대부분의 경우, 그러한 증거는 큰 의미가 없다.

그렇다면 어떤 증거가 가치 있는 증거일까? 알다시피 '오직 이 관점으로만 설명이 되는 배타적인 증거'라면 그 관점을 직접적으로 입증할 수 있다. 그러나 이러한 증거를 찾는 것은 매우 어렵다.

구체적으로 한번 살펴보자. 우선 가설 H_1이 참인지를 알아보는 상황에서 A라는 사실을 관측했다면, 다음 조건을 만족해야 한다.

$$P(A|H_1) = 1 \qquad\qquad (4\text{-}13)$$

그렇다면 우리는 H_1이라는 가설이 A라는 사실을 논리적으로 설명할 수 있다고 말할 수 있다. 그런데 만약 A를 이용해 H_1이 참이라는 것을 입증해야 할 경우는 어떨까?

$$P(H_1|A) \approx 1 \qquad\qquad (4\text{-}14)$$

즉, A가 단순히 식 (4-13)을 만족하는 것만으로는 충분하지 않다. 이전에도 설명했듯이, 우리는 다른 모든 가설$(H_2, \cdots, H_n)$이 A를 설명할 수 없다는 것을 증명해야 한다. 즉, 다음 조건을 만족해야 한다.

$$\begin{cases} P(A|H_1) \approx 1 \\ P(A|H_2) \approx P(A|H_3) \cdots \approx P(A|H_n) \approx 0 \end{cases} \qquad (4\text{-}15)$$

A가 위 조건을 만족하는 경우 우리는 식 (4-14)를 도출할 수 있으며, 이때의 A는 배타적인 증거가 된다.

식 (4-13)과 식 (4-15)를 비교해 보면, 어떤 가설로 설명되는 증거를 찾는 것이 오직 그 가설로만 설명되는 배타적인 증거를 찾는 것보다 훨씬 쉽다는 것을 알 수 있다.

4.4.2 설명하기는 쉽고, 배제하기는 어렵다

사람들은 평소 어떤 가설이 주어진 사실을 설명할 수 있다는 것만으로 그 가설이 옳다고 믿는 경향이 있다. 반면 그 가설을 결정적으로 입증할 수 있는 배타적인 증거를 찾는 것이 얼마나 어려운지는 간과한다.

예를 들어 보자. 몇 년 전 주식 시장에는 이른바 '주식의 신'이라고 불리는 사람들이 대거 등장했다. 그들은 자신만의 투자 이론을 내세우며 각종 차트 분석을 통해 자신의 이론이 옳다고 주장했다. 이를 맹목적으로 믿은 사람들은 열렬한 추종자가 되어 그들의 강의를 수강하거나 책을 구매하고, 해당 이론에 따라 주식을 매수했다. 그러나 결과는 처참했다. 매수 후 주가가 하락하면서 큰 손실을 보게 된 것이다. 그런데도 많은 투자자들은 "대가의 이론이 틀린 게 아니라, 나의 판단력과 배움이 부족했기 때문"이라며 스스로를 탓했다.

그러나 그들이 믿었던 대부분의 주식 이론에는 문제가 있었다. 왜냐하면 엉터리로 만든 이론이라도 그 이론에 부합하는 차트를 찾는 것은 어렵지 않기 때문이다. 심지어 차트가 그 이론과 맞아떨어지지 않더라도, 차트에서 특정 지점을 골라내 그 이론으로 그럴듯하게 설명하는 것은 얼마든지 가능했다.

이를 통해 우리가 알 수 있는 사실이 있다. 바로 어떤 관점을 내세운 뒤 그 관점을 뒷받침할 수 있는 증거를 찾는 것은 굉장히 쉽다.

나의 학창 시절, 기억나는 국어 선생님 한 분이 계신다. 그 선생님의 강의는 매우 창의적이어서 학생들에게 인기가 많았다. 어느 날 야간 자율학습 시간이었다. 그 선생님은 우리에게 독해 문제를 풀이해 주시면서 한 가지 질문을 던졌다.

"이 문제의 답이 뭔지 아는 사람?"

그러자 한 학생이 답지를 펼쳐 본 뒤 대답했다. "답은 C입니다."

그러자 선생님은 왜 C를 선택해야 하는지 조목조목 설명하기 시작했다. 설명을 듣고 난 뒤 나는 'C가 답이 아니면 말도 안 된다'라는 생각이 들었다.

그런데 다음 문제로 넘어가려는 순간, 아까 답을 말했던 학생이 조심스럽게 입을 열었다.

"선생님, 죄송한데요. 아까 제가 답을 잘못 봤어요. 정답은 A입니다."

순간 당황한 선생님은 학생을 한번 노려보더니 이렇게 말했다. "이 자식이, 선생님 똥개 훈련 시키는 거냐." 그 말에 교실은 웃음바다가 되었다.

선생님은 금세 분위기를 진정시킨 뒤, 다시 A가 정답인 이유를 논리적으로 설명하기 시작했다. 그런데 신기하게도 이번에는 A가 반드시 정답이어야 할 것 같은 기분이 들었다.

이 사례 역시 어떤 관점이든 그것을 지지하는 논리를 만들어 내어 그럴듯하게 설명하는 것이 어렵지 않다는 사실을 잘 보여 준다. 즉, 어떤 관점을 논리적으로 뒷받침할 수 있는 근거는 얼마든지 만들어 낼 수 있다는 얘기다.

현재 중국에는 가짜 국학(중국의 전통 학문과 사상을 연구하는 학문_역주) 대가들이 많다. 이들은 자신들의 '국학 이론'으로 근대 과학의 발견을 설명하려고 애쓰지만, 이는 얄팍한 궤변에 불과하며 사실상 아무런 의미가 없다.

예를 들어 어떤 사람들은 현대 클론 기술에서 세포 분열의 원리(하나가 둘이 되고, 둘이 넷이 되고, 넷이 여덟이 되는 과정)가 '태극에서 양과 음이 생겨나고太「生兩仪, 이것이 다시 태양, 소양, 태음, 소음으로 세분화되며兩仪生四象, 여기서 다시 팔괘가 형성된다四象生八卦'는 『주역易經』의 원리와 놀랍도록 유사하다고 강조한다.

중국 작가 슝이熊逸는 그의 저서 『주역 강호周易江湖』에서 이러한 가짜 국학을 풍자하는 글을 통해 어떤 관점을 그럴듯하게 설명할 수 있는 논리를 만드는 것이 얼마나 쉬운지를 보여 주고 있다.

내가 사용하고 있는 노트북은 검은색이다. 평소 사용하지 않을 때는 노트북을

덮어두는데, 이 상태는 혼돈의 우주를 상징한다… 노트북은 화면과 키보드 둘로 나뉘어 있는데, 이는 하늘이 열리고 땅이 갈라지는 모습을 상징한다. 또한 화면은 밝고 키보드는 어두운데, 이는 빛과 어둠의 대립, 즉 음과 양의 대립을 상징한다. 하지만 이 둘은 결국 하나의 노트북이라는 동일한 존재의 일부이기도 하다. 즉, 화면과 키보드의 관계는 대립적이면서도 조화를 이루는 관계인 것이다.

한편 밝은 화면은 하늘을 상징하고, 어두운 키보드는 땅을 상징한다. 그리고 USB 포트에서 쭉 뻗어 나온 마우스는 사람을 상징한다. 이로써 하늘, 땅, 사람이 모두 갖춰져 '삼재三才(천지인을 뜻함_역주)'가 완성된다.

$$\vdots$$

놀랍게도 키보드 맨 위 열에는 F1에서 F12까지의 키가 있는데, 이는 마치 일 년 열두 달을 상징하는 것 같다… 키보드 맨 아래 열에는 Fn 키가 있는데, 이 키를 F1에서 F12까지의 키와 결합해서도 사용이 가능하다. 그렇다면 이 Fn 키는 윤달을 상징하는 것이 아닐까?

내 노트북은 『주역』에도 뒤지지 않는 심오한 우주의 원리를 담고 있는 듯하다.

결론적으로 어떤 이론으로 설명이 되는 현상을 찾아내는 것은 매우 쉽다. 그러나 그렇다고 해서 그 이론이 옳다고 증명되는 것은 아니다. 오직 '그 이론으로만 설명될 수 있는 배타적인 증거'만이 반박할 수 없는 타당성을 가진다. 그러나 식 (4-15)에서 알 수 있듯이 그런 증거를 찾기는 매우 어렵다.

사후 확률을 바꾸는 또 다른 방법

어떤 원인의 사후 확률을 바꾸고 싶다면, 보통 그 원인을 지지하거나 반박하는 배타적인 증거를 찾아야 한다. 이것은 직접적으로 사후 확률을 바꾸는 방법에 해당한다. 그러나 이외에도 사후 확률을 간접적으로 바꾸는 방법이 있다.

4.5.1 M&M's 초콜릿 조항

전설적인 하드록 밴드 반 헤일런 밴드^{Van Halen band}는 1970년대 후반부터 1980년대 말까지 세계에서 가장 인기 있는 록 밴드 중 하나였다. 이 밴드가 가장 바쁠 때는 1년에 100회 이상의 공연을 열기도 했다.

[그림 4.11] 반 헤일런 밴드

그들의 화려한 무대는 철저한 현장 준비 및 운영이 빚어낸 결과였다. 반 헤일런 밴드의 무대 장비는 엄청나게 많았는데, 메인 보컬 데이비드 리 로스David Lee Roth는 자서전에서 이렇게 회상했다. "우리는 18륜 대형 트럭 9대에 무대 장비를 가득 실어 이동해야 했다."

밴드 멤버들은 무대 장비를 실은 트럭이 공연장에 도착하기 전에 공연 주최 측과 계약서를 작성해야 했다. 그래야 주최 측이 계약서에 따라 미리 무대 장비를 설치하고 배선 작업을 진행할 수 있기 때문이다.

계약서에는 다음과 같은 조항이 명시되어 있었다.

"20피트(약 6미터) 높이의 공간에 15개 콘센트를 설치하고, 19암페어의 전류를 공급해야 한다."

실제로 공연장 내 배선 작업은 매우 복잡하고 까다로운 과정이다. 밴드 멤버들은 작업자가 계약서 조건을 제대로 이행하지 않고 실수를 저지를까 봐 걱정됐다. 이는 공연의 실패로 이어질 뿐만 아니라, 심할 경우 멤버들이 부상을 입을 위험도 있었기 때문이다. 같은 시기, 마이클

   4 베이즈 정리의 구성 요소 ②: 관측

잭슨Michael Jackson이 펩시 광고 촬영 중 특수 효과 폭죽이 오작동하여 머리에 화상을 입는 사건도 있었다.

그러나 바쁜 투어 일정 때문에 멤버들이 모든 공연장의 배선 작업을 하나하나 꼼꼼히 점검할 수는 없었다. 그렇다면 그들은 어떻게 주최 측이 계약서를 성실히 이행했는지 확인할 수 있었을까?

반 헤일런 밴드는 수많은 기술 규정 중 눈에 잘 띄지 않는 특별한 조항을 하나 숨겨놓았다. 일명 'M&M's 조항'이다.

'제126조. 백스테이지에 M&M's 초콜릿을 준비하되, 갈색 초콜릿은 반드시 제외해야 한다.'

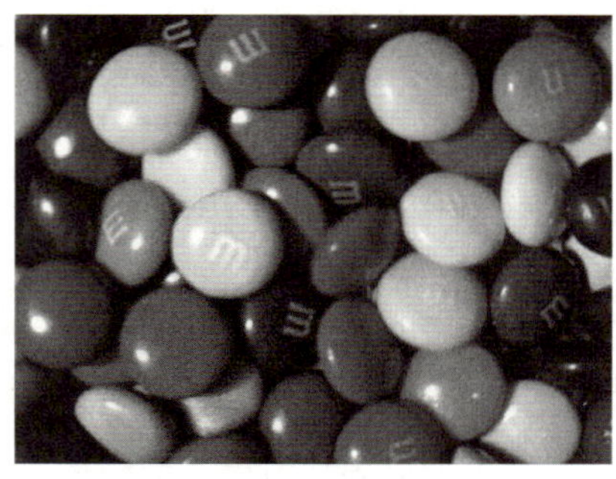

[그림 4.12] M&M's 초콜릿

데이비드는 새로운 공연장에 도착할 때마다 곧장 백스테이지로 달려가서 M&M's 초콜릿 상자를 확인했다. 만약 그 안에서 갈색 초콜릿이 발견되면, 그는 크게 화를 내며 즉시 공연장 장비와 배선 작업을 철저히 점검할 것을 요구했다.

그가 이렇게 행동한 이유는 간단하다. 주최 측이 M&M's 조항을 어겼다면, 이는 곧 '이들은 신뢰할 수 없는 사람들'이라는 걸 의미했기 때문이다. 그리고 그런 사람들이라면 배선 작업 역시 계약대로 철저히 준비하지 않았을 가능성이 높았기 때문이다.

그럼 지금부터 이 상황을 베이즈 정리로 분석해 보자.

H=주최 측이 계약대로 배선을 제대로 설치했다

$\overline{H}$=주최 측이 계약대로 배선을 제대로 설치하지 않았다

위와 같이 두 가지의 원인을 가정해 보자. 그리고 현재 밴드 멤버들이 '주최 측이 M&M's 조항을 어겼다.'라는 증거 A를 발견했다. 여기서 우리가 알고 싶은 것은 증거 A를 발견한 상황에서 실제로 주최 측이 계약대로 배선을 제대로 설치했을 확률, 즉 $P(H|A)$다.

여기서 중요한 건, 증거 A와 원인 H 사이에 직접적인 관계가 존재하지 않는다는 것이다. 정확히 말하면, 증거 A는 또 다른 원인 H_0의 사후확률에 영향을 미침으로써 H에 간접적으로 영향을 준다. 이를 좀 더 구체적으로 설명하기 위해 다음과 같이 정의하겠다.

H_0=주최 측은 신뢰할 수 있는 사람들이다

$\overline{H}_0$=주최 측은 신뢰할 수 없는 사람들이다

     4 베이즈 정리의 구성 요소 ②: 관측

이 관계는 [그림 4.13]에 나타나 있다.

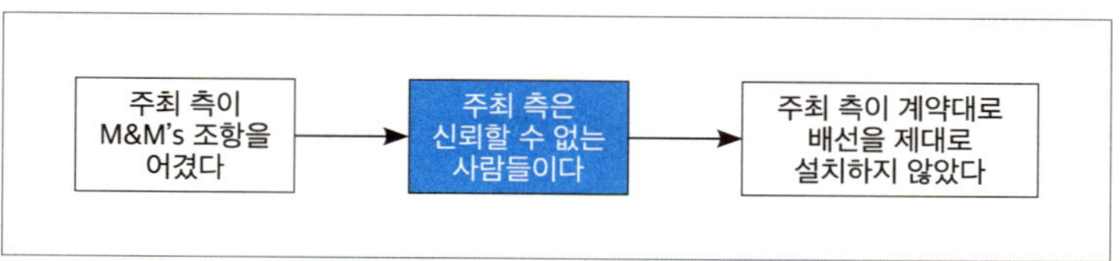

[그림 4.13] A가 $\overline{H}_0$에 영향을 줌으로써 간접적으로 $\overline{H}$에 영향을 미침

그럼 밴드와 이 주최 측이 처음 협업하는 상황이라고 가정해 보자. 이 경우 주최 측이 신뢰할 수 있는 사람들인지 아닌지에 대한 사전 확률은 각각 $\frac{1}{2}$이 된다.

즉, $P(H_0) = P(\overline{H}_0) = 0.5$다. 이제 우리는 A = '주최 측이 M&M's 조항을 어겼다'라는 증거를 발견했을 때, 이 증거가 사후 확률 $P(H_0|A)$에 얼마나 큰 영향을 미치는지 알아보자.

일단 '주최 측이 신뢰할 수 있는 사람들이다'라는 전제하에서는 그들이 계약을 철저히 이행할 가능성이 높아서 M&M's 조항을 위반하는 일은 거의 발생하지 않을 것이다.

반대로 '주최 측이 신뢰할 수 없는 사람들이다'라는 전제하에서는 그들이 수많은 계약서 조항 중 'M&M's 조항'을 인지하지 못했을 가능성이 크거나, 설령 인지했다 하더라도 이를 제대로 이행하지 않았을 가능성이 크다. 따라서 우리는 두 가지 전제 조건하에서 A가 발생할 확률을 각각 1%와 90%로 가정할 수 있다.

$$\begin{cases} P(A|H_0) = 0.01 \\ P(A|\overline{H_0}) = 0.9 \end{cases}$$

위와 같이 후자의 우도는 전자의 90배로, 이는 H_0을 강력하게 반박하는 증거가 된다. 그러므로 이 증거가 추가되면 원인 H_0(주최 측은 신뢰할 수 있는 사람들이다)의 사후 확률이 현저히 감소하는 것은 자명하다. 이제 이를 바탕으로 사후 확률의 구체적인 값을 계산해 보자.

$$\begin{aligned} P(H_0|A) &= P(H_0) \times \frac{P(A|H_0)}{P(A)} \\ &= P(H_0) \times \frac{P(A|H_0)}{P(H_0)P(A|H_0) + P(\overline{H_0})P(A|\overline{H_0})} \\ &= 0.5 \times \frac{0.01}{0.5 \times 0.01 + 0.5 \times 0.9} \approx 0.011 \end{aligned}$$

위의 계산 결과처럼, '주최 측이 M&M's 조항을 어겼다'는 증거가 발견되었을 때 '주최 측은 신뢰할 수 있는 사람들이다'라는 전제가 맞을 확률은 50%에서 약 1.1%로 감소하게 된다.

좀 더 추론을 이어가 보자. 먼저 '주최 측은 신뢰할 수 있는 사람들이다(H_0)'라는 전제하에서는 주최 측이 계약대로 배선을 제대로 설치했을 (H) 확률이 매우 높으므로, 이 확률을 90%라고 가정하자. 반대로 '주최 측이 신뢰할 수 없는 사람들이다($\overline{H_0}$)'라는 전제하에서는 주최 측이 계약

대로 배선을 제대로 설치했을 확률이 매우 낮으므로, 이 확률은 1%라고
가정하자.

$$\begin{cases} P(H|H_0) = 0.9 \\ P(H|\overline{H_0}) = 0.01 \end{cases}$$

이제 우리가 궁극적으로 알고자 하는 결과를 추론해 보자. 즉, '주최
측이 M&M's 조항을 어겼다'는 증거가 발견되었을 때, 그들이 계약대로
배선을 제대로 설치했을 확률 $P(H|A)$를 계산해 보자. 이 확률은 다음과
같은 형태로 전개할 수 있다.

$$P(H|A) = P(H_0|A)P(H|H_0 \cap A) + P(\overline{H_0}|A)P(H|\overline{H_0} \cap A)$$

위 식은 $P(H|A)$라는 조건부 확률을 세 번째 조건 H_0이 주어졌다는 전
제하에 전개한 것이다. 위 식은 다음과 같이 간단하게 정리할 수 있다.

$$\begin{aligned} P(H|A) &= P(H_0|A)P(H|H_0) + P(\overline{H_0}|A)P(H|\overline{H_0}) \\ &\approx 0.011 \times 0.9 + (1 - 0.011) \times 0.01 \\ &\approx 0.02 \end{aligned}$$

여기서 사용된 '조건부 독립'의 개념은 다음 챕터에서 자세히 설명하
도록 하겠다. 결론적으로 '주최 측이 M&M's 조항을 어겼다'는 증거가

발견되었을 때, 주최 측이 계약대로 배선을 제대로 설치했을 확률은 약 2%에 불과하다.

이 결과는 반 헤일런 밴드가 계약서에 'M&M's 초콜릿 조항'을 넣은 것이 합리적인 결정이었음을 수학적으로 증명해 준다.

사실 우리 주변에서도 이와 비슷한 사례를 쉽게 찾을 수 있다. 예를 들어, 상사에게 제출하는 보고서에는 절대로 오타가 있어서는 안 된다. 왜일까? 오타 자체가 보고서의 내용이나 질을 직접적으로 훼손하지는 않지만, 상사는 이를 보고 당신의 태도가 불성실하다고 판단할 가능성이 크기 때문이다. 더 나아가 한번 태도에 의문을 품게 되면 자연스럽게 보고서 내용 자체에도 문제가 있을지도 모른다고 의심하게 될 수 있다.

앞서 우리는 M&M's 초콜릿 조항을 통해 사람들의 인식을 바꾸는 또 다른 방식을 살펴보았다.

일반적으로 어떤 원인(H)에 대한 사람들의 인식을 변화시키는 데는 두 가지 방법이 있다. 첫째, H를 지지하거나 반박하는 배타적인 증거를 직접 찾는 것이다. 둘째, H를 지지하거나 반박할 수 있는 또 다른 요소 H_0을 찾아내는 것이다. 이때 이 H_0은 H와 강한 상관관계를 가지면서도,

   4 베이즈 정리의 구성 요소 ②: 관측

동시에 H를 지지하거나 반박하는 배타적인 증거여야 한다. 따라서 H_0에 대한 사람들의 인식을 변화시키면, 이를 통해 간접적으로 H에 대한 인식도 변화시킬 수 있다.

이 방법은 매우 널리 사용되지만, 그만큼 남용되거나 오용될 위험도 크다. 예를 들어, 인터넷에서 논쟁을 벌이는, 이른바 '키보드 워리어'들의 방식이 이 경우에 해당한다. 이들은 특정 사건에 대한 상대방의 생각을 부정하고 싶어 하지만, 논리적으로 반박할 수 없어서(혹은 상대방의 논리에서 허점을 찾기가 귀찮아서) 다른 전략을 선택한다. 먼저 그들은 상대방에게 '비양심적이다', '난폭하다', '게으르다' 등의 꼬리표를 붙여 부정적인 이미지를 씌운다. 그런 다음, 이러한 이미지를 이용해 그 사람이 주장하는 의견 자체까지 자연스럽게 부정하는 방식을 취한다.

그러나 베이즈적 사고를 하는 사람이라면 이 방식의 문제점을 쉽게 간파할 수 있다. 상대방한테 붙은 이런 꼬리표가 사실인지 아닌지는 차치하더라도, 또 설령 상대방이 도덕적으로 결함이 있다고 하더라도, 그것이 그 사람이 가진 어떤 생각의 옳고 그름을 결정짓는 필연적인 근거가 될 수는 없다는 것을 말이다.

Chapter 5

여러 개의 관측 정보를 활용한 베이즈 추론

바닐라 아이스크림을 사러 갔는데
차가 시동이 걸리지 않는다

지금까지 우리가 다룬 베이즈 정리는 단 하나의 정보(관측)를 가지고 어떤 사건이나 상황을 판단하는 방식이었다. 하지만 현실에서는 한가지 관측만으로는 정보량이 부족한 경우가 많다. 따라서 일반적으로 실제 상황에서는 다양한 정보나 증거를 동시에 고려해서 종합적으로 판단을 내린다.

예를 들어 당신의 애인이 '나 좀 보러 와'라는 메시지를 보냈다고 가정해 보자. 이때 당신은 여러 가지 이유를 떠올리며 불안감을 느낄 수 있다 (구체적인 이유는 각자 생각해 볼 것). 하지만 애인이 이 메시지 뒤에 웃는 이모티콘을 추가한다면 당신의 마음은 그 즉시 달라질 것이다. [그림 5.1]

은 이 상황을 시각적으로 표현한 것이다.

[그림 5.1] 이모티콘의 중요성

따라서 단순히 '텍스트'라는 관측만 있을 때보다, '텍스트와 이모티콘'이라는 두 가지 관측이 함께 주어질 때 상대방의 의도를 더 정확하게 추론할 수 있다.

그런데 여기서 '텍스트＋이모티콘'보다 더 많은 정보량을 제공하는 것이 있다. 바로 '대면 소통'이다. 얼굴을 마주 보고 이야기하면 상대방이 하는 말의 내용뿐 아니라 다른 추가적인 관측 정보도 동시에 얻을 수 있다.

- 상대방의 말투
- 상대방의 표정
- 상대방의 자세
- 대화가 이뤄지는 상황

⋮

이처럼 여러 개의 관측 정보를 종합해서 추론할 경우 더 정확한 결론을 도출해 낼 수 있다. 이것이 바로 '여러 가지 관측을 반영한 베이즈 정리'다.

여러 개의 관측 정보를 반영한 베이즈 정리는 기존의 단일 정보만을 반영한 식과 큰 차이가 없다. 예를 들어 A_1, A_2 두 가지 관측 정보가 주어졌을 경우, 이를 베이즈 정리로 표현하면 다음과 같다.

$$P(H|A_1 \cap A_2) = P(H) \times \frac{P(A_1 \cap A_2|H)}{P(A_1 \cap A_2)} \qquad (5\text{-}1)$$

여기서 $P(A_1 \cap A_2|H)$와 $P(A_1 \cap A_2)$를 계산하려면 '조건부 독립'이라는 가정이 필요하다.

조건부 독립이란, 단순히 베이즈 정리에서만 쓰이는 개념이 아니라 다양한 상황과 분야에서 쓰이는 유용한 개념이다.

5.1.1 조건부 독립의 정의

우선 조건부 독립의 정의를 알아보자. 사건 A와 사건 B가 사건 C에 대해 조건부 독립일 경우. 이를 수학식으로 표현하면 다음과 같다.

$$P(A \cap B|C) = P(A|C) \times P(B|C) \qquad (5\text{-}2)$$

이 식의 의미는 다음과 같다. '사건 C가 성립한다는 전제 아래 사건 A와 사건 B가 동시에 발생할 확률'은 '사건 C가 성립한다는 전제 아래 사건 A가 발생할 확률×사건 C가 성립한다는 전제 아래 사건 B가 발생할 확률'과 같다.

아마도 이 설명이 직관적으로 와닿지 않을 수도 있다. 식 (5-2)를 변형하면(구체적인 유도 과정은 부록 B를 참고), 다음과 같은 식을 얻을 수 있다.

$$\begin{cases} P(B|A \cap C) = P(B|C) \\ P(A|B \cap C) = P(A|C) \end{cases} \tag{5-3}$$

그럼 식 (5-3)은 무엇을 의미할까?

우선 첫 번째 식을 살펴보자.

등식의 우변에 있는 $P(B|C)$는 C가 발생한 상황에서 B가 발생할 확률을 의미한다. 반면, 등식의 좌변에 있는 $P(B|A \cap C)$는 A와 C가 동시에 발생한 상황에서 B가 발생할 확률을 의미한다. 이 두 확률이 완전히 동일하다는 것은 무엇을 의미할까? 이는 사건 A와 사건 B가 사건 C에 대해 조건부 독립이라면, 사건 C가 이미 발생한 상태에서 사건 A의 발생 여부는 사건 B가 발생할 확률에 영향을 미치지 않는다는 뜻이다.

마찬가지로 두 번째 식도 같은 논리를 따른다. 즉, 사건 A와 사건 B가 사건 C에 대해 조건부 독립이라면, 사건 C가 이미 발생한 상태에서 사건 B의 발생 여부는 사건 A가 발생할 확률에 영향을 미치지 않는다는 것을 의미한다.

현실에서 조건부 독립은 매우 흔하게 발생하며, 다음과 같이 두 가지 특징을 나타낸다.

- 많은 사건이 통계적으로는 서로 관련된 것처럼 보이지만, 실제로는 숨어 있는 어떤 변수에 대해 조건부 독립인 경우가 많다.
- 현실에서 완전히 독립적인 두 사건이 존재하는 경우가 매우 드물다. 대부분은 조건부 독립의 형태로 존재한다.

5.1.2 겉보기에는 관련 있어 보이나 실은 조건부 독립인 경우

우리의 일상에서도 조건부 독립은 매우 흔하게 나타난다. 이해를 돕기 위해 몇 가지 예를 들어 보겠다.

예시 1: 바닐라 아이스크림을 샀더니 차 시동이 안 걸린다?

미국의 자동차 제조사 제너럴모터스^{GM} 산하의 브랜드인 폰티악^{Pontiac}에서 있었던 일이다. 어느 날 폰티악 자동차 판매 부서로 한 고객의 불만이 접수됐다. 그 고객은 매일 저녁 식사를 마친 뒤 가족과 함께 폰티악 자동차를 타고 근처 마트에 가서 아이스크림을 산다고 했다. 그런데 최근 이상한 일이 발생했다고 한다. 바닐라 아이스크림을 구매한 날은 아이스크림을 사고 돌아왔을 때 차에 시동이 걸리지 않았다는 것이었다. 그런데 다른 맛 아이스크림을 구매한 날에는 아무 문제가 없었다고 했다.

판매 부서팀의 매니저는 이 사건이 사실인지 다소 의심스러웠지만,

고객의 불만을 해결하기 위해 엔지니어를 파견했다.

저녁에 고객의 집을 찾은 엔지니어는 그 고객과 함께 아이스크림을 사러 갔다. 그날 고객은 바닐라 아이스크림을 구매했는데, 차로 돌아와 보니 정말로 시동이 걸리지 않았다. 엔지니어는 다음 날과 그다음 날 저녁에도 고객과 함께 마트에 갔고, 이번에는 다른 맛 아이스크림을 구매했다. 신기하게도 이번에는 차의 시동이 정상적으로 걸렸다. 네 번째로 찾아간 날에는 다시 바닐라 아이스크림을 샀는데, 역시나 이번에도 차에 시동이 걸리지 않았다. 정말 희한한 일이 아닌가?

엔지니어는 그동안 고객과 함께 아이스크림을 구매했던 모든 과정을 세세히 기록했다. 그런 다음, 바닐라 아이스크림을 샀을 때와 다른 맛 아이스크림을 샀을 때의 차이점을 분석했다.

분석 결과, 차이점은 바닐라 아이스크림을 살 때와 다른 맛 아이스크림을 살 때 걸리는 시간이었다. 바닐라 아이스크림은 그 마트에서 가장 잘 팔리는 맛으로, 마트 입구 가까이에 진열되어 있었다. 따라서 바닐라 아이스크림을 살 때는 구매 시간이 짧았다. 반면 다른 맛 아이스크림을 사려면 마트 안쪽까지 찾으러 가야 했다. 게다가 여러 가지 맛이 한데 뒤섞여 있어서, 아이스크림을 사서 나오는 데까지 걸리는 시간이 바닐라 아이스크림을 살 때보다 더 많이 소요됐다.

문제의 핵심은 아이스크림을 구매하는 데 걸리는 시간이었다. 차량 엔진에 문제가 발생한 순간은 구매 시간이 짧을 때뿐이었다. 즉, 문제의 원인은 차량의 증기 시스템에 있었다. 고객이 다른 맛 아이스크림을 구매할 때는 구매 시간이 길어 엔진이 충분히 식었으므로 재시동을 걸 때 문제가 없었다. 반면, 바닐라 아이스크림을 구매할 때는 구매 시간이 짧아서 차로 돌아왔을 때 엔진은 여전히 과열된 상태였다. 결과적으로 증기 시스템에서 열을 충분히 배출하지 못해 시동이 걸리지 않았던 것이다.

결국 진짜 문제는 아이스크림 맛이 아니라, 주차 시간이었다.

이 사례에서 A를 '바닐라 아이스크림 구매', B를 '차 시동이 걸리지 않는다'라고 정했을 때, 이 두 사건 사이에는 직접적인 상관관계가 없다. 하지만 이 두 사건 사이에는 '시동 간격이 짧다'라는 C가 존재한다.

정리해 보면, 바닐라 아이스크림을 구매하면 시동을 거는 시간 간격이 짧아지고, 시동 간격이 짧아지면 엔진이 충분히 식지 않아 차에 시동이 걸리지 않게 되는 것이다. 이 세 사건을 인과 관계로 연결하면 [그림 5.2]와 같이 표현할 수 있다.

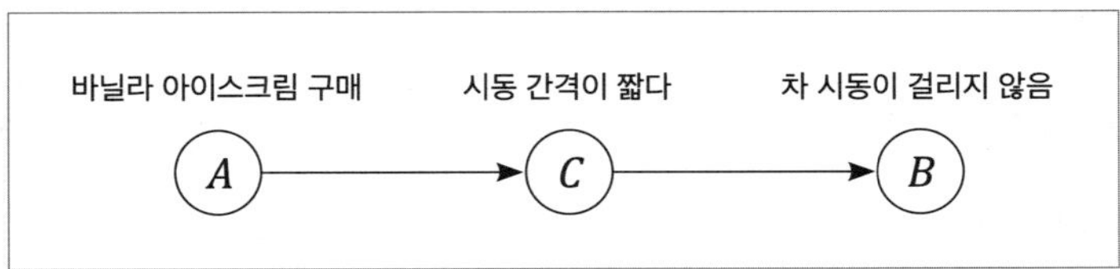

[그림 5.2] '바닐라 아이스크림 구매'와 '차 시동이 걸리지 않음'의 관계

통계적으로 볼 때 A(바닐라 아이스크림 구매)와 B(차 시동이 걸리지 않음)가 관련이 있어 보이지만, 이 두 사건은 C(시동을 거는 간격이 짧다)라는 조건이 전제되었을 때 서로 독립적인 사건이다. 즉, 시동 간격이 짧다는 사실을 아는 순간 고객이 어떤 맛의 아이스크림을 샀는지는 더 이상 중요하지 않으며, '차에 시동이 걸리지 않을 확률이 매우 높다'라고 판단할 수 있다.

예시 2: 런던 택시 기사의 재킷

한 조사에 따르면, 런던의 택시 기사가 재킷을 입었을 때 교통사고 발생 확률이 크게 증가한 것으로 나타났다. 사람들은 택시 기사가 재킷을 입고 운전하면 조작이 불편해져서 사고가 늘어난다고 추측했다. 심지어 이 조사 결과 때문에 택시 기사가 재킷을 입고 운전하는 것을 금지하는 법률이 실제로 제정될 뻔하기도 했다.

그러나 시간이 흘러 문제의 근본 원인이 밝혀졌다. 바로 날씨였다. 택시 기사들은 비가 오는 날 재킷을 자주 입었고, 동시에 비가 오는 날에는 교통사고가 더 자주 발생했던 것이다. 이 사례를 간략히 정리하면 다음과 같다.

사건 A=택시 기사가 재킷을 입었다

사건 B=교통사고가 발생했다

사건 C=비가 내렸다(두 사건의 공통 원인)

따라서 '택시 기사가 재킷을 입었다'와 '교통사고가 발생했다'라는 두 사건은 통계적으로 관련이 있는 것처럼 보이지만, 실제로는 '비가 내렸다'라는 조건이 전제되었을 때 서로 독립적이다. 즉, '비가 내렸다'라는 사실을 알게 되면 택시 기사의 재킷 착용 여부와 상관없이 교통사고 발생 가능성이 높다는 것을 예측할 수 있다([그림 5.3] 참조).

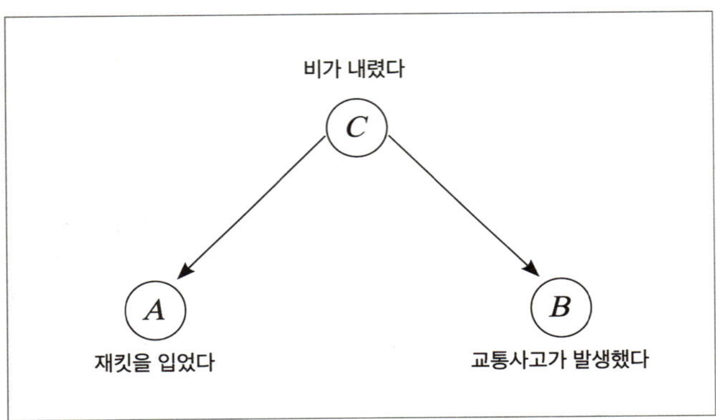

[그림 5.3] '택시 기사가 재킷을 입었다'와 '교통사고가 발생했다'는
'비가 내렸다'라는 조건에 대해 서로 독립적인 관계다.

예시 3: ABC 이론

ABC 이론은 미국의 심리학자 앨버트 엘리스Albert Ellis가 고안한 감정 조절법으로, ABC 성격 이론으로도 불린다. 여기서 ABC는 세 가지 영어 단어의 약자로 다음과 같다.

A = 선행 사건Activating event

B = 신념Belief

C = 결과Consequence

간단히 말해, ABC 이론은 선행 사건(A) 자체가 감정과 행동의 결과 (C)를 직접적으로 초래하는 것이 아니라, 사람 개인의 신념(B)을 거쳐 감정과 행동의 결과에 영향을 미친다는 이론이다([그림 5.4] 참조).

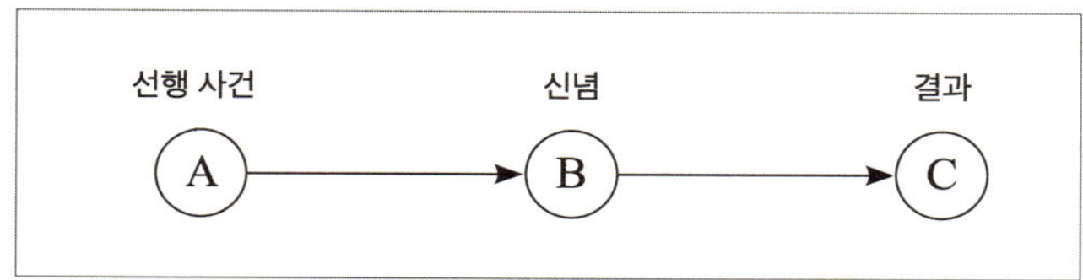

[그림 5.4] 앨버트 엘리스의 ABC 이론

ABC 이론에 따르면, 결과를 바꾸기 위해 선행 사건을 변화시키려 해 서는 안 된다. 왜냐하면 대부분의 선행 사건은 우리가 통제할 수 없기 때문이다. 대신 우리가 변화시켜야 할 것은 '선행 사건' 자체가 아니라 그것을 받아들이는 우리의 신념이며, 이를 통해 결과를 바꿀 수 있다.

여기서 '선행 사건'과 '결과'는 통계적으로 유의미한 상관관계가 있는 것처럼 보이지만, 실제로는 '신념'이라는 조건 아래 조건부 독립이다. 예 를 들어, 물이 반만 들어 있는 컵을 보고 비관적인 사람은 "물이 반밖에 안 남았네."라고 말하지만, 긍정적인 사람은 같은 컵을 보고도 "오호, 아직 반이나 남았네!"라고 말한다. 따라서 어떤 사람의 신념을 알면, 그 사람의 감정 상태와 행동의 결과를 거의 정확하게 예측할 수 있다. 그리고 그 결과는 선행 사건과는 큰 관련이 없다.

고대 로마 시대 때 번성했던 스토아학파의 철학자 에픽테토스Epictetus는 다음과 같은 말을 남겼다. "인간은 사물 자체로부터 영향을 받는 것이 아니라, 그 사물에 대한 자신의 생각 때문에 괴로운 것이다."

근대 독일 철학자 아서 쇼펜하우어Arthur Schopenhauer도 이렇게 말했다. "우리가 행복하거나 불행하다고 느끼는 것은 사건 자체 때문이 아니라, 우리가 그 사건을 어떻게 해석하고 받아들이느냐에 따라 달라진다. 즉, 우리가 사건을 어떻게 바라보고 의미를 부여하느냐에 따라 그 사건은 비로소 우리에게 의미 있는 사건이 된다."

5.1.3 겉보기에는 독립적이지만 실은 조건부 독립인 경우

앞서 우리는 겉으로는 상관성이 있는 관계처럼 보이나 실은 숨겨진 변수에 대해 조건부 독립인 경우를 살펴봤다. 그럼 지금부터는 겉으로는 독립적인 관계처럼 보이나, 실제로는 숨겨진 변수에 대해 조건부 독립인 경우를 살펴보자.

먼저 '독립'이란 무엇인지 알아보자. 독립이란, 말 그대로 두 사건이 서로 아무런 상관관계가 없이 독립적으로 존재함을 의미한다. 수학적으로 설명하자면 다음과 같다.

사건 A와 사건 B가 있다. 만약 이 두 사건이 동시에 발생할 확률 '$P(A \cap B)$'가 두 사건이 각각 독립적으로 발생할 확률의 곱 '$P(A) \times P(B)$'와 같다면 두 사건은 독립적인 사건이다.

$$P(A \cap B) = P(A) \times P(B)$$

동전 던지기를 예로 들어 보자. 지금 두 개의 동전이 있다고 가정하자. 당신이 첫 번째 동전을 던졌을 때 앞면이 나올 확률(사건 A)은 $\frac{1}{2}$이므로, $P(A) = \frac{1}{2}$이다. 마찬가지로 두 번째 동전을 던졌을 때 앞면이 나올 확률(사건 B) 역시 $\frac{1}{2}$이므로, $P(B) = \frac{1}{2}$이다.

이제 두 손에 각각 동전 한 개씩을 들고 동시에 던졌다고 가정하자. 이때 두 동전 모두 앞면이 나올 확률은 얼마가 될까?

이는 쉽게 계산할 수 있다. 두 동전을 동시에 던졌을 때 가능한 경우는 총 네 가지며, 각 경우의 확률은 동일하게 $\frac{1}{4}$이다([그림 5.5] 참조).

[그림 5.5] 두 개의 동전 모두 앞면이 나올 확률은 $\frac{1}{4}$

여기서 사건 A와 사건 B는 완전히 독립된 관계다. 그 이유는 사건 A와 사건 B가 다음 조건을 만족하기 때문이다.

$$P(A \cap B) = P(A) \times P(B) = \frac{1}{4}$$

한편, 또 다른 관점에서도 이 두 사건이 독립적이라는 결론을 도출할 수 있다. 두 동전 모두 각각 독립적으로 던져졌으므로 한 동전이 앞면이 나오든 뒷면이 나오든 그 결과는 다른 동전의 앞면 또는 뒷면이 나올 확률과 아무런 관련이 없다.

그러나 현실에서는 완전히 독립적으로 존재하는 사건은 매우 드물며, 대부분의 사건은 조건부 독립의 형태를 띤다. 이를 설명하기 위해 몇 가지 예를 들어 보겠다.

당신이 사는 아파트 단지는 매우 크다. 그리고 같은 단지 내 어느 동에 사는 김 씨 아주머니와는 서로 모르는 사이다. 그런데 당신과 김 씨 아주머니는 가끔 단지 안에서 산책을 한다. 이제 한 가지 질문을 하겠다. 당신과 김 씨 아주머니가 저녁에 산책하러 나가는 이 두 사건은 서로 독립적일까?

답은 '아니요'다. 이 두 사건은 서로 독립적이지 않다. 그 이유는 명확하다. 왜냐하면 당신과 김 씨 아주머니의 산책 여부에 동시에 영향을 미치는 요인들이 존재하기 때문이다.

예를 들어 날씨가 안 좋을 때는 당신도 김 씨 아주머니도 산책하러 나가지 않을 가능성이 높다. 즉, 날씨라는 요인은 두 사건(당신의 산책＋김 씨 아주머니의 산책)에 동시에 영향을 미치는 요인이다. 따라서 두 사건은 서로 완전히 독립적이라고 볼 수 없다.

이 사례에서 날씨는 사건 A와 사건 B에 동시에 영향을 주는 요인 C가 된다. [그림 5.6]은 이 관계를 시각적으로 표현했다. 만약 두 사건에 영향을 주는 다른 요인이 존재하지 않는다면, 사건 A와 사건 B는 날씨라는 조건이 주어졌을 때 조건부 독립일 수 있다. 즉, 날씨를 이미 알고 있는 상황에서는 당신의 산책 여부를 알아도 그것이 김 씨 아주머니의 산책 여부를 예측하는 데는 도움이 되지 않는다.

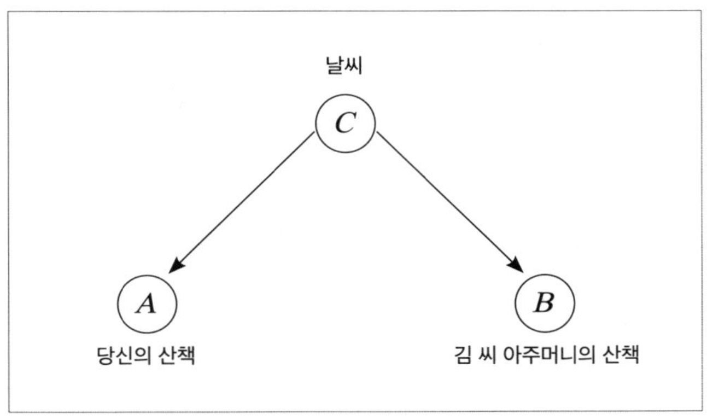

[그림 5.6] 당신의 산책과 김 씨 아주머니의 산책은
날씨라는 조건이 주어졌을 때 독립적이다.

또 다른 예를 들어 보겠다. 무작위로 두 개의 주식을 샀다고 가정해 보자. 그렇다면 오늘 이 두 주식의 등락은 서로 독립적인 사건일까? 답은 '아니요'다. 비록 두 주식을 무작위로 선택해서 매수했더라도, 주식 가격의 상승과 하락은 전체 주식 시장의 흐름, 현재 경제 상황, 돌발 사건 등과 같은 다양한 요인과 연관되어 있기 때문이다. 따라서 두 주식의 등락 역시 이러한 공통된 요인들이 전제되었을 때 조건부 독립이라 할 수 있다.

조건부 독립은 세 가지 사건 간의 확률적 관계를 나타내는 개념이다. 만약 사건 A와 사건 B가 사건 C에 대해 조건부 독립이라면, 사건 C가 발생했다는 사실을 알고 있는 상태에서는 사건 A가 일어났다는 정보가 사건 B가 일어날 확률을 예측하는 데 아무런 도움이 되지 않는다. 마찬가지로 사건 B가 일어났다는 정보 역시 사건 A의 발생을 예측하는 데 영향을 미치지 못한다.

실제로도 조건부 독립의 사례는 매우 많다. 다만 주의할 점은, 두 사건이 통계적으로 연관성이 있는 것처럼 보여도 실제로는 어떤 숨겨진 변수(조건)에 대해 조건부 독립인 경우가 많다는 것이다. 또한, 겉보기에는 서로 독립적인 사건처럼 보이나 실제로는 어떤 숨겨진 변수에 대해 조건부 독립인 경우도 많다.

이처럼 조건부 독립은 여러 개의 관측 정보가 주어진 상황에서 베이즈 정리를 이용해 확률을 계산할 때 꼭 필요한 개념이다.

   5 여러 개의 관측 정보를 활용한 베이즈 추론

5.2

여러 개의 관측 정보를 활용해 확률을 추론하는 방법

학생: 여러 개의 관측 정보가 주어졌을 때, 이것을 베이즈 정리에 어떻게 활용할 수 있나요?

선생님: 조건부 독립이라는 가정이 성립하면, 베이즈 정리를 이용한 확률 계산 과정이 훨씬 쉽고 간단해진단다. 오늘은 여러 개의 관측 정보가 주어진 상황에서 베이즈 정리를 이용해 확률을 계산하는 방법을 알아보자.

5.2.1 여러 관측값을 고려한 베이즈 정리

지금부터 여러 개의 관측 정보가 주어졌을 때, 이들이 조건부 독립이라는 가정하에 베이즈 정리로 확률을 계산해 보자. 이해하기 쉽게 간단히 두 가지 경우를 예로 들어 보겠다.

어떤 사건의 원인을 H와 $\overline{H}$ 두 가지로 나눌 수 있다고 가정해 보자. 그리고 지금 두 개의 관측 정보 A_1과 A_2가 주어졌을 때, 원인 H의 사후 확률을 구하는 식은 다음과 같다.

$$P(H|A_1 \cap A_2) = P(H) \times \frac{P(A_1 \cap A_2|H)}{P(A_1 \cap A_2)}$$

먼저 $P(A_1 \cap A_2|H)$를 살펴보자. 물론 일부 경우지만 이 확률을 통계 자료로부터 직접 구할 수도 있다. 하지만 여기서는 A_1과 A_2가 원인 H와 원인 $\overline{H}$에 대해 조건부 독립이라고 가정한다(이 가정은 현실에서도 자주 성립되며, 이에 대해서는 다음 예제를 통해 설명하겠다).

$$P(A_1 \cap A_2|H) = P(A_1|H)P(A_2|H)$$

$P(A_1|H)$와 $P(A_2|H)$는 각각 원인 H가 발생했을 때 A_1과 A_2를 관측할 확률을 의미한다.

다음으로, $P(A_1 \cap A_2)$를 살펴보자. 전체 확률 법칙에 따라 우리는 가능성이 있는 모든 원인(원인 H와 원인 $\overline{H}$)을 각각 전제 조건으로 놓고 각 상황의 확률을 따로 구한 뒤 이 값들을 모두 더해야 한다.

$$P(A_1 \cap A_2) = P(A_1 \cap A_2|H)P(H) + P(A_1 \cap A_2|\overline{H})P(\overline{H})$$

마찬가지로, '조건부 독립'이라는 가정을 적용하면 다음과 같이 나타낼 수 있다.

$$P(A_1 \cap A_2) = P(A_1|H)P(A_2|H)P(H) + P(A_1|\overline{H})P(A_2|\overline{H})P(\overline{H})$$

두 개의 관측 정보 A_1과 A_2가 모든 원인에 대해 조건부 독립일 경우, 원인 H의 사후 확률은 다음과 같이 계산할 수 있다.

$$P(H|A_1 \cap A_2)$$
$$= P(H) \times \frac{P(A_1|H)P(A_2|H)}{P(A_1|H)P(A_2|H)P(H)+P(A_1|\overline{H})P(A_2|\overline{H})P(\overline{H})}$$

이 공식은 여러 개의 관측 정보가 주어진 경우에도 동일한 방식으로 확장할 수 있다. 만약 관측 정보가 m개 존재하고(즉, $A_1, \cdots, A_m$), 모든 관측 정보가 원인 H와 원인 $\overline{H}$에 대해 조건부 독립이라면, 원인 H가 실제로 일어났거나 참일 확률(사후 확률)은 다음과 같이 계산할 수 있다.

$$P(H|A_1 \cap A_2 \cap \cdots \cap A_m)$$
$$= P(H) \times \frac{\prod_{j=1}^{m}P(A_j|H)}{P(H)\prod_{j=1}^{m}P(A_j|H)+P(\overline{H})\prod_{j=1}^{m}P(A_j|\overline{H})}$$

우리는 이 공식을 여러 개의 관측 정보와 여러 개의 원인이 존재하는 상황에서도 활용할 수 있다. 만약 관측 정보가 m개(즉, $A_1, \cdots, A_m$) 존재하고, 이 정보들이 n개의 원인(즉, $H_1, \cdots, H_n$)에 대해 조건부 독립일 때, 원인 H_i의 사후 확률은 다음과 같이 계산할 수 있다.

$$P(H_i|A_1 \cap A_2 \cap \cdots \cap A_m) = P(H_i) \times \frac{\prod_{j=1}^{m}P(A_j|H_i)}{\sum_{k=1}^{n}\prod_{j=1}^{m}P(A_j|H_k)P(H_k)} \quad (5\text{-}4)$$

5.2.2 오늘 날씨가 맑을 확률은?

당신에게는 같은 도시에 사는 두 명의 친구가 있다. 그리고 이 둘은 서로 모르는 사이다.

두 사람 모두 아침 일찍 일어나 산책하는 습관이 있다. 날씨가 맑은 날 첫 번째 친구가 아침 산책을 할 확률은 90%고, 두 번째 친구가 아침 산책을 할 확률은 99%다. 반면 비가 오는 날 첫 번째 친구가 아침 산책을 할 확률은 20%고, 두 번째 친구가 아침 산책을 할 확률은 2%다.

오늘 아침 당신이 두 친구에게 각각 전화를 걸었더니 두 사람 모두 산책하러 나갔다고 한다. 그렇다면, 당신은 이 정보를 바탕으로 오늘 그 도시가 맑은 날일 확률을 예측할 수 있을까?

지금부터 구체적으로 계산해 보자.

A_1과 A_2는 각각 첫 번째 친구와 두 번째 친구가 아침 산책을 하러 나갔다는 사건을 의미한다고 가정하자. 여기서 우리가 예측하고자 하는 두 원인은 H = 맑은 날, $\overline{H}$ = 비가 오는 날이다. 만약 당신이 사전에 이 도시에 비가 내리고 있다는 상황을 전혀 모르는 상황이라면, 이 상황에서 날씨가 맑을 확률 $P(H)$와 비가 내릴 확률 $P(\overline{H})$는 50%로 동일하다. 지금까지 우리에게 주어진 정보들을 정리하면 다음과 같다.

$$P(H) = P(\overline{H}) = 50\%$$

$$P(A_1|H) = 90\%, \ P(A_1|\overline{H}) = 20\%$$

$$P(A_2|H) = 99\%, \ P(A_2|\overline{H}) = 2\%$$

'아침 산책'이라는 관측 정보가 한 개일 때와 두 개일 때를 구분하기 위해서, 우선 첫 번째 친구가 산책하러 나간 경우(A_1)만 고려해 날씨가 맑을 확률을 베이즈 정리로 구해 보자.

$$
\begin{aligned}
P(H|A_1) &= P(H) \times \frac{P(A_1|H)}{P(A_1|H)P(H)+P(A_1|\overline{H})P(\overline{H})} \\
&= 0.5 \times \frac{0.9}{0.9 \times 0.5 + 0.2 \times 0.5} \\
&\approx 81.82\%
\end{aligned}
$$

이제 두 번째 친구도 산책을 하러 나갔다는 정보를 추가해 보자. 그리고 A_1과 A_2 정보를 모두 고려해 날씨가 맑을 확률 $P(H|A_1 \cap A_2)$를 계산해 보자.

여기서 두 친구는 서로 모르는 사이이므로 이들의 아침 산책에 동시에 영향을 미치는 유일한 요인은 '날씨'밖에 없다. 즉, 날씨 상태를 알고 있는 상태에서 한 친구의 아침 산책 여부를 알게 되어도, 그것이 다른 친구의 아침 산책 여부를 예측하는 데 도움이 되지 않는다. 이 말을 수학적으로 표현하면, 'A_1과 A_2가 H와 $\overline{H}$라는 조건에 대해 조건부 독립이다'라고 말할 수 있다. 그럼 지금부터 베이즈 정리 공식을 이용해 $P(H|A_1 \cap A_2)$를 계산해 보자.

$$P(H|A_1 \cap A_2)$$

$$= P(H) \times \frac{P(A_1|H)P(A_2|H)}{P(A_1|H)P(A_2|H)P(H)+P(A_1|\overline{H})P(A_2|\overline{H})P(\overline{H})}$$

즉, 두 친구 모두 산책을 나갔다는 정보를 종합해 보면 날씨가 맑을 확률은 다음과 같다.

$$P(H|A_1 \cap A_2) = 0.5 \times \frac{0.9 \times 0.99}{0.9 \times 0.99 \times 0.5 + 0.2 \times 0.02 \times 0.5}$$

$$\approx 99.55\%$$

위 결과를 통해 우리는 다음과 같은 사실을 알 수 있다. 한 친구만 아침 산책을 하러 나갔을 경우 날씨가 맑을 확률은 약 81.82%이지만, 두 친구 모두 아침 산책을 하러 나갔을 경우 날씨가 맑을 확률은 약 99.55%로 증가한다. 이 결과는 우리의 직관과 거의 일치한다. 우리는 경험을 통해 맑은 날에 산책할 확률이 높다는 것을 알기 때문에, 두 사람이 동시에 산책하러 나갔다고 하면 날씨가 맑을 가능성이 크다는 것도 자연스럽게 예상할 수 있다.

5.2.3 물이 끓었을까?

당신은 뜨거운 물을 받으려고 탕비실에 들어왔다. 이때 당신은 전기 온수기 안에 들어 있는 물이 이미 끓었는지 알고 싶다. 지금 당신에게는 두 개의 관측 정보가 주어졌다([그림 5.7] 참조).

(1) 전기온수기의 표시등이 켜져 있다.

(2) 물에서 김이 난다.

[그림 5.7] 물이 끓었을까?

이해하기 쉽게 A_1=‘표시등이 켜져 있다’, A_2=‘물에서 김이 난다’라고 가정하자. 여기서 우리가 예측하고자 하는 두 원인은 H=‘물이 끓었다’, $\overline{H}$=‘물이 끓지 않았다’이다.

만약 당신이 사전에 이 전기온수기의 상태를 전혀 모르는 상태라면, 이 상황에서 물이 끓었을 확률 $P(H)$와 물이 끓지 않았을 확률 $P(\overline{H})$는 50%로 동일하다.

만약 $P(A_1|H) = 95\%$ 즉, 물이 끓었을 때 표시등이 켜졌을 확률이 95%(여기서 5%는 표시등이 고장 났을 확률이다)라면, $P(A_1|\overline{H}) = 10\%$, 즉 물이 끓지 않았는데 표시등이 켜져 있을 확률은 10%가 된다.

또한 $P(A_2|H) = 100\%$, 즉 물이 끓고 있는 상황에서 물에서 김이 날 확률이 100%라면, $P(A_2|\overline{H}) = 50\%$, 즉 물이 끓지 않은 상황에서 물에서 김이 날 확률은 50%다.

지금까지 주어진 정보를 정리해 보자.

$$P(H) = P(\overline{H}) = 50\%$$
$$P(A_1|H) = 95\%, \; P(A_1|\overline{H}) = 10\%$$
$$P(A_2|H) = 100\%, \; P(A_2|\overline{H}) = 50\%$$

1) 한 개의 관측 정보만 주어졌을 때

먼저 전기온수기의 표시등이 켜진 상황(A_1)만을 고려해 보자. 이때 물이 끓었을 확률을 베이즈 정리로 구해 보자.

$$P(H|A_1) = P(H) \times \frac{P(A_1|H)}{P(A_1|H)P(H)+P(A_1|\overline{H})P(\overline{H})}$$
$$= 0.5 \times \frac{0.95}{0.95 \times 0.5 + 0.1 \times 0.5}$$
$$\approx 90.48\%$$

2) 두 개의 관측 정보가 주어졌을 때

만약 A_1과 A_2를 동시에 관측했다면 물이 끓었을 확률은 얼마일까?

앞서 예시에서 그랬던 것처럼, A_1과 A_2가 H와 $\overline{H}$에 대해 조건부 독립이라고 가정해 보자. 즉, '물이 끓었다'라는 조건이 주어진 상태에서 '표

   5 여러 개의 관측 정보를 활용한 베이즈 추론

시등이 켜졌다'라는 사실을 알게 되더라도, 그 정보가 물에서 김이 나는 지를 예측하는 데는 도움이 안 된다.

자, 그럼 A_1과 A_2를 동시에 관측했을 때 물이 끓었을 확률을 베이즈 정리로 계산해 보자.

$$P(H|A_1 \cap A_2)$$
$$= P(H) \times \frac{P(A_1|H)P(A_2|H)}{P(A_1|H)P(A_2|H)P(H)+P(A_1|\overline{H})P(A_2|\overline{H})P(\overline{H})}$$
$$= 0.5 \times \frac{0.95 \times 1}{0.95 \times 1 \times 0.5 + 0.1 \times 0.5 \times 0.5}$$
$$= 95\%$$

요약하자면, '물에서 김이 난다'라는 정보를 추가하면 물이 끓었을 확률이 약 4.5% 증가하게 된다. 이는 '물에서 김이 난다'라는 정보가 물이 끓었을 확률을 더욱 확실하게 만들어 준다는 의미다.

이번 파트에서는 여러 개의 관측 정보가 주어진 상황에서 '조건부 독립'이라는 가정을 활용해 베이즈 정리로 확률을 구하는 방법을 살펴봤다. 또한 '날씨가 맑을 확률'과 '물이 끓었을 확률'이라는 두 가지 예시를 통해 여러 개의 관측 정보를 종합하여 베이즈 정리로 추론하는 과정을 구체적으로 살펴보았다.

중요한 관측을 놓치지 마라

여러 개의 관측 정보를 종합하여 베이즈 정리로 확률을 추론할 때 흔히 저지르는 실수가 있다. 바로 중요한 관측을 놓치는 것이다. 이를 설명하기 위해 한 가지 예를 들어 보겠다.

다음은 『여씨춘추呂氏春秋』에 기록된 일화다.

공자가 여러 나라를 유람하던 중, 식량이 부족해 며칠을 굶주려야 하는 상황이 생겼다. 다행히 제자 안회가 어렵게 쌀 한 포대를 구해왔고, 공자는 안회에게 밥을 지어 모두 함께 나누어 먹자고 했다. 밥이 거의 다 익었을 즈음, 공자는 멀리서 안회가 솥 안의 밥을 한 움큼 집어 먹는 모습을 목격했다.

곧이어 식사 시간이 되자 공자는 말했다. "간밤에 내가 조상님 꿈을 꾸었다. 그러니 이 음식을 먼저 조상님께 바쳐야겠다."

이 말을 들은 안회는 깜짝 놀라 급히 만류했다.

"안 됩니다! 좀 전에 솥 안에 재가 떨어졌기에 이 밥은 조상님께 올릴 수 없습니다. 하지만 아까운 밥을 함부로 버릴 수 없어 재가 묻은 부분만 걷어 내 제가 먹었습니다."

공자는 안회의 말을 듣고 깊이 탄식하며 말했다. "그동안 나는 눈으로 본 것이 곧 진실이라 생각해 왔다. 하지만 눈으로 본 것이 반드시 진실은 아닐 수도 있다는 것을 이제야 깨닫는구나. 한 사람을 온전히 이해한다는 것이 참으로 어려운 일이구나!"

이 이야기는 '눈으로 본 것이 반드시 진실은 아니다', '사람을 제대로 이해하는 것은 어려운 일이다'라는 교훈을 주는 사례로 자주 인용된다.

처음에 공자가 안회를 오해한 이유는 그가 중요한 정보를 놓쳤기 때문이다. 즉, '솥 안에 재가 떨어졌다'라는 사실을 몰랐으므로 안회의 행동을 잘못 이해하고 의심하는 실수를 범한 것이다.

이 밖에도 정보를 수집할 때 크게 눈에 띄지는 않지만 흔히 발생하는 문제가 있다. 바로 '샘플링 편향'이다.

5.3.1 샘플링 편향을 피해라

학생: 지난 시간에는 정보를 수집할 때 흔히 저지르는 실수에 대해 말씀하셨잖아요. 그 외에도 또 다른 실수가 있을까요?

선생님: 물론이지. '샘플링 편향' 역시 흔히 저지르는 실수 중 하나란다. 샘플링 편향은 자칫 잘못된 결론을 유도할 수 있어.

이번 파트에서는 사람들이 정보를 수집하는 과정에서 쉽게 범하는 사고 오류인 '샘플링 편향'에 대해 알아보자.

'샘플링 편향'이란 쉽게 말해, 정보를 수집하는 과정에서 특정 정보가 누락되거나 특정 정보에만 편향되어 정보가 수집되는 현상을 의미한다. 이렇게 편향된 정보를 기반으로 결론을 내린다면, 그 결론 역시 잘못된 결론일 가능성이 매우 크다.

그럼 지금부터 샘플링 편향과 관련된 몇 가지 사례를 살펴보자.

1) 대공 방어판을 어디에 설치할 것인가?

2차 세계대전 당시 미국은 수많은 폭격기와 전투기를 독일로 보냈고, 그 결과 이 시기에 많은 조종사가 작전 중 희생되었다. 미국 엔지니어들은 조종사의 생존율을 높이기 위해 비행기에 대공 방어판을 장착하기로 결정했다. 문제는 방어판을 어디에 장착해야 하는가였다.

미 해군 분석 센터 연구원들은 임무를 수행한 후 무사히 귀환한 비행기들을 대상으로 어떤 부위가 가장 많이 피격되었는지를 통계적으로 분석했다. 그 결과 날개 부분에 가장 많은 총탄 흔적이 있었고, 조종석과 후방 엔진 쪽이 상대적으로 적게 피격된 것으로 나타났다([그림 5.8] 참조). 이에 연구원들은 날개 부분에 대공 방어판을 장착하기로 결정했다.

그러나 헝가리 출신의 통계학자 아브라함 왈드Abraham Wald는 이와 정반대의 해결책을 제시했다. 그는 방어판을 추가해야 할 곳은 총탄 흔적이 많은 날개가 아니라, 오히려 총탄 흔적이 적은 조종석과 후방 엔진 쪽이어야 한다고 강조했다. 그 이유는 통계 분석에 사용된 비행기들이 모두 총탄을 맞았지만 살아남아 귀환한 비행기들이었기 때문이다. 즉, 조종석과 엔진에 총탄 흔적이 적은 이유는 이 부위가 총탄을 덜 맞아서가 아니라, 이 부위가 공격당하면 비행기가 귀환하지 못하고 추락했기 때문이었다. 따라서 총탄 흔적이 적은 조종석과 후방 엔진 쪽이야말로 가장 방어판이 필요한 부위라는 것이 그의 주장이었다.

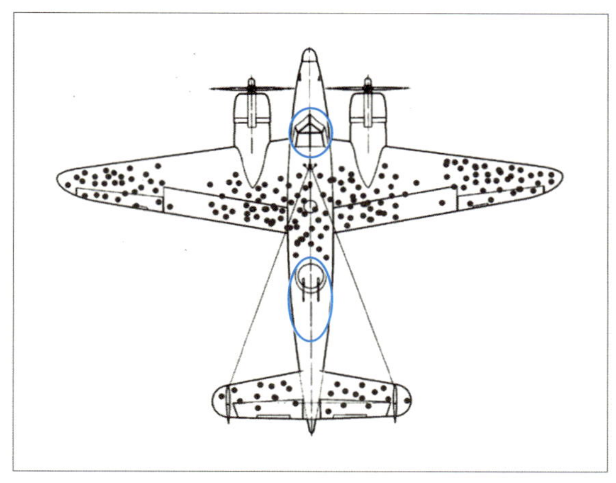

[그림 5.8] 대공 방어판이 설치되어야 하는 위치는 총탄 흔적이
가장 적은 조종석과 후방 엔진 쪽이다(동그라미로 표시된 위치).

결국 왈드의 주장이 옳았음이 입증되었다. 미군은 적진에 잠입한 정보원을 통해 독일 영내에 추락한 아군 폭격기 잔해를 조사했는데, 왈드의 예상대로 추락한 비행기들은 조종석과 후방 엔진 쪽에 총탄 흔적이 집중되어 있었다.

265

미 해군 분석 센터의 연구원들이 범한 실수는 전형적인 '샘플링 편향'의 오류였다. 통계학자들은 이와 같은 실수를 '생존자 편향의 오류 Survivorship bias'라고 명명했다. 생존자 편향이란 간단히 말해, 정보를 수집할 때 생존한 사례들만 고려하고 그보다 더 중요한 생존하지 못한 사례들은 제외하여 결국 잘못된 결론에 도달하는 것을 말한다.

2) 행운의 숫자와 머피의 법칙

많은 사람이 행운의 숫자를 믿듯, 나 역시 그렇다. 나는 언젠가 부모님께 내 행운의 숫자가 2, 5, 7이라고 이야기한 적이 있다. 그 이유는 내 생일이 이 숫자들의 조합으로 이루어져 있고, 내 이름의 획수 합이 27이며, 고등학교 3학년 때 내 번호가 57번이었기 때문이다. 심지어 나의 대입 시험 점수와 얼마 전 운전면허 시험장에서 배정받은 차량 번호도 이 세 개의 숫자와 연관이 있었다. 어떻게 우연이 이렇게 반복될 수 있을까? 정말 보이지 않는 운명의 힘이 작용하고 있는 걸까?

그러던 어느 날 나는 이 현상에 특별한 신비로움이 없다는 사실을 깨달았다. 이러한 우연이 자주 겹쳐 보이는 이유는 두 가지였다.

첫째, 내 행운의 숫자가 너무 많기 때문이다. 나는 2, 5, 7 총 세 개의 숫자를 행운의 숫자로 정했다. 내 행운의 숫자는 1부터 9까지의 한 자리 숫자 중에서 이미 $\frac{1}{3}$을 차지하고 있으니, 일상에서 이 숫자들과 겹치는 경우가 당연히 많을 수밖에 없다.

둘째, 선택적 기억 때문이다. 어쩌면 이 이유가 더 중요한 원인일 수도 있다. 나를 포함한 거의 모든 사람은 선택적으로 기억하고 잊어버리는 습관이 있다. 나 또한 살아오면서 무수히 많은 숫자와 그 조합을 접해왔다. 예를 들어 첫 해외여행 날짜, 졸업일, 결혼기념일, 아이 출생일 등이 있다. 하지만 이 숫자들은 내 행운의 숫자와 무관하므로 의식적으로든, 무의식적으로든 기억 속에서 희미해진다. 반면 2, 5, 7 이 세 숫자가 우연히 등장하는 순간, 나는 그 즉시 그것을 내 행운의 숫자와 연결 지어 기억하게 된다. 결국 내가 기억하는 사례들은 모두 행운의 숫자가 포함된 것들이며, 그렇지 않은 경우는 자연스럽게 잊혀진 것뿐이다.

사실 행운의 숫자는 그저 '샘플링 편향'의 결과일 뿐이다. 우리는 행운의 숫자가 나올 때는 바로 기억하지만, 그렇지 않을 때는 선택적으로 잊어버린다. 그 결과 마치 행운의 숫자가 더 자주 등장하는 듯한 착각에 빠지는 것이다.

이와 관련하여 한 가지 아주 재미있는 현상이 있는데, 바로 '머피의 법칙'이다. 머피의 법칙이란, 어떤 일이 잘못될 가능성이 있다면 실제로도 그렇게 될 것이라는 법칙을 의미한다. 예를 들어, 이런 경험을 자주 해 봤을 것이다.

- 찾으려고 하는 물건일수록 더 보이지 않는다.
- 가고 싶은 식당일수록 대기 줄이 길다.
- 급하게 택시를 잡으려고 할수록 차가 잡히지 않는다.

- 빨리 가려고 할수록 가는 길마다 빨간불을 만난다.

- 창구 앞에 줄을 섰을 때, 꼭 내가 선 줄만 순서가 늦게 줄어든다.

- 오늘은 비가 내리지 않게 해달라고 기도했는데, 빨래를 밖에 널자마자 비가 내렸다.

- 축구 경기를 보는 한 시간 내내 아무 진전이 없었는데, 잠깐 화장실을 다녀온 그 3분 사이에 1:1이 되어 있었다.

⋮

머피의 법칙은 마치 신비한 힘이 작용하는 것처럼 보이지만, 사실 조금만 자세히 들여다보면 충분히 논리적으로 설명할 수 있다.

첫째, 어떤 일이 잘못될까 봐 걱정하며 운이 따라주길 바라는 순간, 그 일이 최종적으로 실패할 확률은 이미 50% 이상일 가능성이 크다. 왜냐하면 애초부터 일이 뜻대로 되지 않을 가능성이 컸기에 결과적으로 일이 잘 풀리지 않았을 때 더 강한 인상을 받게 되는 것이다.

둘째, 사람은 무의식적으로 정보를 선택적으로 기억하는 '샘플링 편향'의 영향을 받는다. 대개 사람들은 일이 잘못될 때만 머피의 법칙을 떠올린다. "어떻게 이렇게 운이 나쁠 수가 있지? 재수가 없으면 뒤로 넘어져도 코가 깨진다더니, 또 머피의 법칙이 현실이 됐어." 하지만 예상치 못하게 일이 잘 풀릴 때는 그저 기뻐하고 넘어갈 뿐, 아무도 머피의 법칙을 떠올리지 않는다.

그래서 누군가에게 "머피의 법칙이 정말 잘 맞는 것 같지 않아?"라고 물으면, 그 사람은 자연스럽게 '잘못될 가능성이 있었고 실제로도 잘 풀리지 않은 경험'만 떠올리게 된다. 반면, 예상치 못한 해결책이 나타나 문제가 해결된 순간들은 쉽게 잊어버리게 된다. 사람들이 머피의 법칙을 맹신하는 이유는 바로 이러한 '선택적 기억' 때문이다. 믿기 어렵다면 운이 항상 좋은 사람들에게 한번 물어보라. 그들도 과연 머피의 법칙을 믿을까?

3) 남의 집 아이

'남의 집 아이'라는 현상이 있다. 아이들에게는 늘 비교 대상으로 소환되는 '미운 존재'가 있다.

- 너 봐라, ○○는 스스로 공부도 참 잘하지 않니. 넌 어떻게 된 애가 놀 생각만 하니? 넌 언제쯤 정신 차릴래?
- ○○는 참 부지런하더라. 엄마 대신에 집안일도 알아서 하던데, 넌 대체 할 줄 아는 게 뭐니?
- ○○는 예의 바르고 인사도 잘하던데, 너는 인사도 할 줄 모르니?

어디선가 들어 본 듯한 익숙한 느낌이 들지 않는가? 남의 집 아이는 언제나 나보다 더 효도를 많이 하고, 돈도 더 많이 벌며, 더 크게 성공했다. 부모님 눈에 남의 집 아이는 그야말로 완벽한 존재다. 왜 그럴까?

지금부터 이 현상을 과학적으로 설명해 보겠다. 나는 아이를 키우는 부모들에게 이렇게 말하고 싶다. "당신은 '남의 집 아이'와 자신의 아이를 비교할 때 무의식적으로 '샘플링 편향'이라는 오류를 반복하는 중이다."

(1) 남의 집 아이가 정말 그렇게 완벽할까? 그 아이들이 밖에서만 모범적이고, 집에서는 전혀 다른 모습일 수도 있지 않을까?

(2) 원래 뛰어난 아이들이 주목받고 기억되기 쉽다. 남의 집 아이가 평범하거나 뒤떨어지는 아이였어도 그들을 자신의 아이와 비교했을까?

(3) 입만 열면 칭찬하는 그 '남의 집 아이'가 매번 달라지지는 않는가? 운동을 잘하는 ○○, 부모에게 효도하는 ○○, 수학을 잘하는 ○○, 예의 바른 ○○, 항상 시험 1등인 ○○…. 당신은 샘플링 편향의 영향을 받아 주변에 뛰어난 아이들의 장점만 합쳐 '남의 집 아이'라는 완벽한 이미지를 만들어 낸 것이다.

(4) 당신의 '편향된 시선'은 당신의 자녀에게도 영향을 미친다. 특히 내 아이의 부족한 부분을 남의 집 아이의 강점과 비교하는 경우가 그렇다. 공부를 못하면 공부를 잘하는 아이와 비교하고, 예의가 부족하면 예의 바른 아이와 비교하는 식이다. 이런 식의 비교가 반복되면 내 아이는 늘 부족해 보일 수밖에 없다.

'남의 집 아이'는 사실상 부모의 편향된 시선이 만들어 낸 허상일 뿐이다. 그러므로 그런 허상과 내 아이를 비교하는 것은 결국 내 아이에게 불공평한 일이다.

5.3.2 증거 수집의 기술

학생: 이전 시간에는 자신의 생각을 뒷받침하는 증거를 수집할 때 자주 부딪히는 문제에 대해 다뤘잖아요. 객관적이고 공정한 증거를 수집하려면 어떻게 해야 하나요?

선생님: 오늘은 그 부분에 대해 자세히 이야기해 줄게.

앞서 우리는 자신의 생각을 뒷받침하는 증거를 찾는 과정에서 범할 수 있는 실수를 살펴봤다. 이번에는 좀 더 공정하고 객관적인 증거를 수집하는 방법 두 가지를 소개하겠다. 하나는 의도적으로 자신의 주장을 반박하는 증거를 수집하는 것이고, 다른 하나는 하나의 생각에만 갇히지 않고 다양한 관점을 고려하는 것이다.

1) 의도적으로 자신의 주장을 반박하는 증거를 수집하기

앞서 우리는 사람들이 사고하는 과정에서 흔히 저지르는 실수 중 하나인 '샘플링 편향'에 대해 배웠다. 샘플링 편향의 오류를 극복하는 한 가지 방법은 의도적으로 자신의 주장을 반박하는 증거를 수집하는 것이다.

재미있는 건, 자신의 관점을 반박하는 증거를 수집했는데 그 증거가 오히려 자신의 관점으로도 설명이 가능할 경우, 이는 자신의 관점을 더욱 강력하게 뒷받침하는 증거가 될 수 있다는 점이다.

미국의 과학 저술가 스티븐 존슨Steven Johnson은 그의 저서『미래를 어떻게 결정할 것인가Farsighted』에서 오사마 빈 라덴 체포 작전 당시의 의사 결정 과정을 소개했다.

2010년 8월 미국 중앙정보국CIA에 정보를 제공하던 파키스탄 첩보원은 페샤와르에서 빈 라덴과 연관이 깊은 인물이 파키스탄 아보타바드 교외의 한 콘크리트 구조 저택으로 들어가는 모습을 포착했다. 그 첩보원은 CIA 측에 '그 건물이 주변의 다른 건물들과 구조가 다르며, 보안이 극도로 삼엄해 상당히 수상하다'라고 보고했다.

2010년 11월 미국 정보 분석가들은 빈 라덴이 그 건물에 숨어 있을 가능성이 높다고 판단했지만, 그 판단에 대한 확신의 수준은 60~90% 사이로 엇갈렸다. 이때 최고 의사 결정자이자 대테러 전문가인 존 브레넌John Brennan은 분석가들에게 그들의 가설을 반박하는 증거, 즉 빈 라덴의 은신처가 아보타바드에 있는 그 건물이 아니라고 말할 수 있는 증거를 요구했다.

"여러분은 지금까지 수집한 모든 증거가 '빈 라덴이 그 건물 안에 있다'라는 결론을 방증한다고 말했죠? 그 이야기는 충분히 알아들었습니다. 그럼 지금부터 찾아야 할 것은 여러분이 내린 결론을 뒤집을 수 있는 요소입니다. 자, 생각해 봅시다. 여러분이 내린 결론에서 잘못된 점은 없을까요?"

며칠 후 분석가들은 아보타바드에 있는 그 건물 내부에 개가 있다는 새로운 사실을 발견했다. 오바마 전 대통령의 국가 안보 부 보좌관이 말했다. "무슬림은 보통 개를 키우지 않아요." 이 말은 빈 라덴이 그 건물에 숨어 있다는 주장을 반박하는 증거가 될 수도 있었다.

하지만 중동 지역에서 오랜 경험을 쌓고 아랍어에 능통했던 브레넌은 빈 라덴이 1990년대 수단에서 생활할 당시 개를 키웠다고 지적했다. 이후 결과는 모두가 아는 대로다. 2011년 5월, 미국 특수부대는 그 건물에서 빈 라덴을 사살했다.

브레넌의 사고방식처럼 자신의 주장을 반박할 수 있는 증거를 찾으려는 노력은 '확증 편향confirmation bias(자신의 신념과 일치하는 정보만 받아들이는 경향_역주)'을 극복하는 데 매우 효과적이다. 이뿐만이 아니라, 처음에는 자신의 주장과 모순되는 것처럼 보였던 증거가 오히려 자신의 주장을 뒷받침하는 역할을 할 때, 그 증거는 자신의 주장을 더욱 강력하게 지지하는 근거가 될 수 있다.

과학사에도 이런 사례가 있다. 대표적인 예가 바로 '푸아송의 점 Poisson's spot'이다.

19세기 초, 빛의 본질을 둘러싼 논쟁이 치열했다. 당시 학계는 빛이 파동인가, 입자인가를 두고 양분되어 있었다. 이에 프랑스 과학 아카데미는 '빛의 전파 특성을 증명하여 빛의 본질을 밝히시오'라는 주제로 경연 대회를 열었다.

이 대회의 심사 위원 중 한 사람이었던 사람이 바로 대수학자 푸아송이다. 푸아송은 빛이 입자라는 학설을 지지하던 인물로, 그는 자신의 뛰어난 수학적 능력을 이용해 빛의 파동설을 주장했던 프레넬Fresnel의 이론을 검증했다. 푸아송은 프레넬의 이론대로라면 빛은 아주 이상한 현상을 만들어 낼 것이라고 주장했다. 그는 "만약 빛의 전파 경로에 불투명한 원형 판을 놓으면, 원형 판의 가장자리에서 빛이 회절하게 된다. 그리고 이 회절 현상으로 인해 원형 판의 그림자 중심부에서 밝은 점이 나타날 것이다."라고 설명했다([그림 5.9] 참조).

그러나 당시 사람들의 상식으로는 빛이 차단된 그림자 안에 밝은 점이 생긴다는 주장은 말도 안 되는 소리였다. 따라서 푸아송은 이를 근거로 자신이 빛의 파동설을 반박했다고 주장했다.

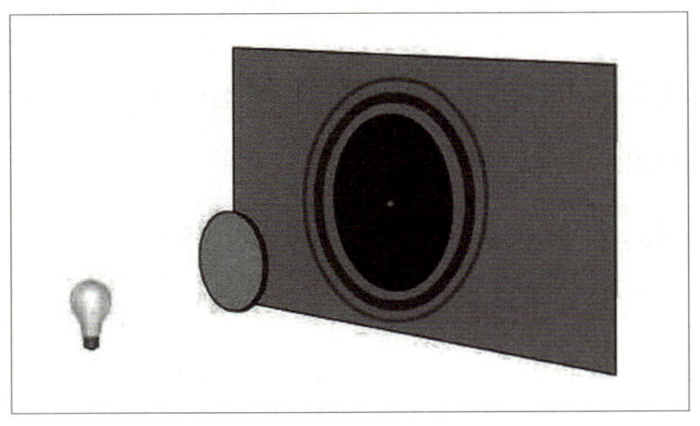

[그림 5.9] 푸아송의 점

푸아송의 추론은 프레넬을 크게 당황하게 했다. 그도 그럴 것이, 그림

5 여러 개의 관측 정보를 활용한 베이즈 추론

자의 중심에 밝은 점이 나타난다는 현상은 그 누구도 본 적이 없었기 때문이다. 아마도 프레넬 역시 반신반의하며 실험을 진행했을 것이다. 그런데 실험 결과, 그림자의 중심에서 푸아송이 말한 밝은 점이 실제로 관찰된 것이다. 그 사실에 푸아송조차 반박할 말을 잃고 말았다. 아이러니하게도 이 현상은 '푸아송의 점'으로 불리게 되었다. 왜냐하면 푸아송이 최초로 수학적 계산을 통해 이 현상을 예측해 냈기 때문이다.

2) 하나의 생각에만 갇혀 있지 않기

지금까지 우리는 증거를 수집할 때 특정 가설을 뒷받침하는 증거만 찾는 것이 아니라, 가능성이 있는 모든 증거를 포괄적으로 수집해야 한다고 배웠다.

또한 '중요한 정보'를 놓치면 안 되는 이유에 대해서도 배웠다. 어떤 중요한 관측 정보를 빠뜨리면 판단 과정에서 '맹점'이 생겨 잘못된 결론을 내릴 수 있기 때문이다.

이번에는 특정 관점을 놓치면 안 되는 이유에 관해 이야기할 것이다. 어떤 관측 정보를 놓친다는 것이 구체적인 어떤 증거를 빠뜨리는 의미라면, 특정 관점을 놓친다는 것은 문제를 바라보는 여러 가지 관점 중 어느 하나를 아예 고려하지 않고 지나쳐 버린다는 의미다. 이해를 돕기 위해 다음 예시를 살펴보자.

예시 1: 결혼 10주년 기념 만찬

한 남성은 설레는 마음으로 결혼 10주년을 기념하는 만찬을 준비했다. 그런데 아내가 약속 시간보다 50분이나 늦게 도착했다. 여기서 만약 남성이 자기 입장에서만 문제를 바라본다면, 그의 머릿속에서는 다음과 같은 생각이 떠오를 것이다.

'이런 중요한 약속에도 늦다니. 정말 나한테서 마음이 멀어지고 있는 걸까? 생각났다! 얼마 전에 같이 여행 가자고 했을 때 내가 거절해서 삐진 게 분명해. 그게 아니면 주말마다 내가 야근하는 게 싫어서 이런 식으로 내게 시위하는 건가? 이렇게는 못 살아!'

이런 생각을 하면서 아내를 기다리면, 아내가 도착했을 때 남성은 분노에 차서 아내와 언쟁을 벌이고 말 것이다. 그렇게 되면 결혼 10주년 기념일은 불쾌한 기억으로 남게 된다.

반면 남편이 같은 상황을 다른 관점에서 바라본다면, 그의 머릿속에는 전혀 다른 생각들이 떠오를 것이다.

'이런, 아내도 오늘 저녁 식사를 많이 기대했을 텐데 이렇게 늦는 것을 보니 분명 무슨 일이 생겼을 거야. 아, 그래! 아내의 상사가 퇴근 직전에 갑자기 일을 시키는 경우가 종종 있다고 했었어. 아마 오늘도 그랬을지도 몰라. 어휴, 얼마나 피곤할까. 맞다, 오늘이 금요일이었지. 차가 많이 막혀서 늦는 것일 수도 있겠네.'

만약 그가 이런 생각을 하면서 아내를 기다린다면, 결과는 분명 달라질 것이다. 그리고 아내는 남편의 배려심에 고마운 마음과 신뢰를 느낄 것이다.

자, 이 예시에서 무엇을 느꼈는가? 사람의 인지는 일단 하나의 관점이 세워지면 그 관점이 옳다는 것을 뒷받침하는 증거만을 흡수하려는 경향이 있다. 즉, 자신이 설정한 특정한 관점으로만 상황을 바라볼 뿐, 다른 관점으로 볼 생각은 아예 할 수 없게 된다.

이런 현상이 발생하는 가장 큰 이유는 '가정'이 부족하기 때문이다. 그리고 가정이 부족한 이유는 어떤 상황이나 대상을 바라보는 입장과 관점이 한쪽으로 치우쳐 있기 때문이다.

예를 들어 아내가 약속에 늦었을 때 남편이 '아내는 나를 전혀 사랑하지 않는다'라는 단 하나의 가정만 세운다면 어떻게 될까? 남편은 자연스레 그 가정을 뒷받침하는 증거만 찾으려 할 것이고, 결국 아내에게 화가 나면서 결혼 생활에 대한 부정적인 감정만 커질 것이다.

반면 남편이 같은 상황을 선의의 시각으로 바라본다면 '상사의 갑작스러운 업무 요청'이나 '교통 체증'처럼 다양한 가능성을 떠올리게 된다. 그러면 자연스레 그에 맞는 증거를 찾으려고 노력하게 되고, 결과적으로 아내를 이해하고 배려하는 태도를 가지게 될 것이다.

우리 역시 하나의 관점에만 갇혀 있지 않으려면, 다양한 관점에서 여러 가지 가능성을 고려해야 한다.

예시 2: 동굴 속 죄수 이야기

고대 그리스 철학자 플라톤이 쓴 『국가론』 제7권에는 〈동굴의 비유 Allegory of the cave〉라는 제목의 이야기가 등장한다.

아주 깊은 동굴이 하나 있다. 동굴 안에는 어릴 때부터 사슬에 묶여 갇혀 있는 죄수들이 있다. 그들은 동굴 입구를 등지고 있으며 고개를 돌릴 수도 없다. 그들은 오직 동굴의 앞쪽 벽면만 볼 수 있다.

그들의 뒤쪽에는 낮은 벽이 있고, 그 벽과 동굴 입구 사이에는 불꽃이 타오르고 있다. 몇몇 사람들은 그들이 바라보고 있는 벽 쪽을 병풍 삼아 손에 쥐고 있는 도구들을 이리저리 움직인다. 그 광경은 마치 인형극 무대의 장막 뒤에서 인형을 조종하는 모습과 흡사하다. 동굴에 사는 죄수들은 그 광경이 그들이 유일하게 보아 온 것이므로 그것이 이 세상의 참모습이라고 믿는다([그림 5.10] 참조).

플라톤은 이 이야기를 통해 '우리 눈에 보이는 세상은 어쩌면 동굴 벽에 비친 그림자에 불과할지도 모른다(당연히 그 그림자는 결코 진실이 아니다)'라는 깨달음을 전하고자 했다. 하지만 동굴 속의 죄수들은 벽에 비친 그림자를 세상의 진실이라고 믿는다.

현실에서도 마찬가지다. 우리는 기존 인식의 한계에 갇혀 어떤 대상의 일부 단면만을 보는 경우가 많다. 그런 점에서 우리 역시 플라톤이 말한 동굴 속 죄수와 다를 바 없다.

[그림 5.10] 플라톤의 <동굴의 비유>

예시 3: 올바른 역사관

역사 속 인물을 바라볼 때도 마찬가지다.

만약 우리가 항상 현재의 시각에서만 역사 속 인물을 평가한다면, 자연스럽게 우리 자신이 우월한 위치에 서 있다는 일종의 우월감을 가질 수밖에 없다.

예를 들어 지동설을 알고 있는 현대인의 시각에서는 프톨레마이오스의 천동설이 터무니없는 주장처럼 보일 수 있다. 그러나 프톨레마이오스는 주전원과 이심원이라는 개념을 활용해 행성의 궤도를 계산했고, 그 정확도는 후대 과학자들조차 감탄할 정도로 정밀했다.

마찬가지로 극한 개념을 배운 현대인의 시각에서 보면 제논이 주장한 '아킬레우스가 거북이를 따라잡을 수 없다'라는 역설 또한 비합리적으로 보일 수 있다. 그러나 그는 아리스토텔레스와 헤겔에게 '변증법의 창시자'로 평가받을 만큼 대단한 철학가였다.

이처럼 현대인의 기준으로 역사 속 인물을 평가하는 것은 역사 속 인물이 살던 시대적 배경과 당시의 관점을 고려하지 않는 것이나 다름없다.

"역사상의 인물을 알고자 한다면 그 당시의 시대적 배경을 이해해야 하고, 한 사람에 대해 논할 때는 그 사람이 완벽하기를 바라지 마라稽古者，當論其世；論人者，勿求其全."라는 말이 있다. 즉, 역사 속의 인물을 이해하려면 그들이 살았던 시대적 배경과 한계를 이해해야 하며, 이를 통해 그들이 처했던 상황과 어려움을 올바르게 파악할 수 있다. 그래야만 역사 속 인물을 보다 공정하고 객관적으로 바라볼 수 있으며, 이것이야말로 역사를 바라보는 올바른 태도다.

부록

부록 A. 그림을 이용한 방법과 베이즈 정리

앞서 1.4.1에서는 개념을 이해하기 쉽도록 그림으로 나타내 설명했다. 여기서 최종적으로 선택된 원인은 관측된 현상을 가장 잘 설명하면서도, 그 원인이 발생할 가능성 자체가 높은 경우여야 한다. 베이즈 정리 역시 정확히 같은 결론을 제시한다. 그렇다면 그림을 이용한 방법과 베이즈 정리는 어떤 관계가 있을까?

간단히 말하면, 이 둘은 완벽하게 일치한다. 심지어 우리는 그림을 이용한 방법만으로 베이즈 정리를 직접 유도할 수 있다.

이해를 돕기 위해, '프로그래머일까, 펀드매니저일까?'의 예시에서 사용했던 [그림 1.13]을 다시 살펴보자.

이 문제에서 우리가 관측한 현상은 '이 사람은 옷차림이 자유롭다'이다. 우리가 알고자 하는 것은 이 사실이 관측된 상황에서 '이 사람이 프로그래머일 확률', 즉 사후 확률 $P(\text{프로그래머}|\text{자유로운 옷차림})$이다.

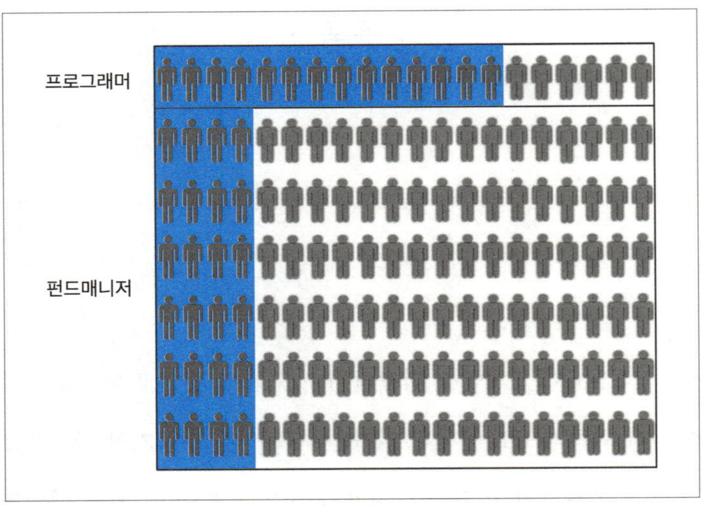

[그림] 프로그래머와 펀드매니저의 사람 수 비교

위의 그림에서 상단부 네모 박스(프로그래머 그룹)의 파란색 면적과 전체 파란색 면적의 비율이 바로 우리가 구하고자 하는 확률이다. 이를 간단히 수식으로 쓰면 다음과 같다.

$$P(\text{프로그래머}|\text{자유로운 옷차림}) = \frac{\text{상단부 네모 박스의 파란색 면적}}{\text{전체 파란색 면적}}$$

이제 우변의 분자와 분모를 모두 전체 직사각형 면적으로 나누어 주면 다음과 같다.

$$P(\text{프로그래머}\,|\,\text{자유로운 옷차림}) = \cfrac{\dfrac{\text{상단부 네모 박스의 파란색 면적}}{\text{전체 면적}}}{\dfrac{\text{전체 파란색 면적}}{\text{전체 면적}}}$$

(a-1)

식 (a-1) 우변의 분자를 살짝 정리하면 다음과 같은 형태가 된다.

$$\frac{\text{상단부 네모 박스의 파란색 면적}}{\text{전체 면적}} =$$

$$\frac{\text{상단부 네모 박스의 면적}}{\text{전체 면적}} \times \frac{\text{상단부 네모 박스의 파란색 면적}}{\text{상단부 네모 박스의 면적}}$$

이제 식 (a-1)은 다음과 같이 표현할 수 있다.

$$P(\text{프로그래머}\,|\,\text{자유로운 옷차림}) =$$

$$\cfrac{\overbrace{\dfrac{\text{상단부 네모 박스의 면적}}{\text{전체 면적}}}^{P(\text{프로그래머})} \times \overbrace{\dfrac{\text{상단부 네모 박스의 파란색 면적}}{\text{상단부 네모 박스의 면적}}}^{P(\text{자유로운 옷차림}\,|\,\text{프로그래머})}}{\underbrace{\dfrac{\text{전체 파란색 면적}}{\text{전체 면적}}}_{P(\text{자유로운 옷차림})}}$$

(a-2)

주의:

- 식 (a-2)에서 우변의 분모는 전체 파란색 면적(자유로운 옷차림을 한 사람)이 전체 면적(모든 사람)에서 차지하는 비율을 나타낸다. 즉, P(자유로운 옷차림)을 뜻한다.

- 식 (a-2)에서 우변의 분자 중 첫 번째 항은 상단부 네모 박스의 면적(프로그래머)이 전체 면적(모든 사람)에서 차지하는 비율을 나타낸다. 즉, P(프로그래머)를 뜻한다.

- 식 (a-2)에서 우변의 분자 중 두 번째 항은 상단부 네모 박스의 파란색 면적(자유로운 옷차림의 프로그래머)이 상단부 네모 박스 면적(전체 프로그래머)에서 차지하는 비율을 나타낸다. 즉, 조건부 확률 P(자유로운 옷차림 | 프로그래머)를 뜻한다.

이제 우리는 식 (a-2)를 다음과 같이 표현할 수 있다.

$$P(\text{프로그래머} \mid \text{자유로운 옷차림})$$
$$= \frac{P(\text{프로그래머}) \times P(\text{자유로운 옷차림} \mid \text{프로그래머})}{P(\text{자유로운 옷차림})} \qquad (a\text{-}3)$$

이 공식은 베이즈 정리 공식의 형태와 완전히 일치한다.

$$\text{원인 } i \text{의 사후 확률} = \text{원인 } i \text{의 사전 확률} \times \frac{\text{원인 } i \text{의 우도}}{\text{관측된 현상이 발생할 확률}}$$

이로써 우리는 그림을 이용하여 베이즈 정리 공식을 성공적으로 유
도했다.

부록 B. 식 (5-2)의 유도 과정

식 (5-2)에서 등식의 양변을 $P(A|C)$로 나누면, $P(A|C) \neq 0$이라는 조
건하에 다음과 같은 결과를 얻을 수 있다.

$$\frac{P(A \cap B|C)}{P(A|C)} = P(B|C)$$

사건 C와 사건 A가 이미 발생한 상태에서 사건 B가 추가로 발생할
확률은 다음과 같다.

$$\frac{P(A \cap B|C)}{P(A|C)} = P(B|A \cap C)$$

따라서 우리는 다음과 같은 결론을 얻을 수 있다.

$$P(B|A \cap C) = P(B|C)$$

마찬가지로 식 (5-2)의 양변을 $P(B|C)$로 나누면, $P(B|C) \neq 0$이라는
조건하에 다음과 같은 결과를 얻을 수 있다.

$$P(A|B \cap C) = P(A|C)$$

인생은 주사위 던지기가 아니다(상)

펴낸날 2026년 2월 10일 1판 1쇄

지은이 류쉐펑
옮긴이 유연지
감수자 김지혜
펴낸이 金永先
편집 나지원
디자인 박유진·김유진

펴낸곳 미디어숲
주소 경기도 고양시 덕양구 청초로 10 GL 메트로시티한강 A1-2002호
전화 (02) 323-7234
팩스 (02) 323-0253
출판등록번호 제 2-2767호

ISBN 979-11-5874-915-6(03410)

미디어숲과 함께 새로운 문화를 선도할 참신한 원고를 기다립니다.
이메일 dhhard@naver.com (원고 투고)